机器学习
原理及应用

安俊秀　靳宇倡　陈宏松
陶全桧　马振明　等 编著

U0212803

人民邮电出版社
北　京

图书在版编目（CIP）数据

机器学习原理及应用 / 安俊秀等编著. -- 北京：
人民邮电出版社，2024.7
ISBN 978-7-115-61684-5

Ⅰ．①机… Ⅱ．①安… Ⅲ．①机器学习－高等学校－
教材 Ⅳ．①TP181

中国国家版本馆CIP数据核字(2023)第075553号

内 容 提 要

  本书全面介绍了机器学习的基础知识和主要技术及其应用。全书共 10 章，首先对机器学习进行概述，并介绍机器学习的相关算法，如回归算法、分类算法、支持向量机、数据降维、聚类算法等；接着对深度学习、强化学习等算法的原理及实现过程进行介绍，以便于实际应用分析；最后通过两个案例让读者进一步认识和理解机器学习的相关应用，做到理论与实践的有机结合。

  本书可作为高等院校计算机相关专业的教材，也可作为机器学习相关行业的工作人员的参考用书。

◆ 编　　著　安俊秀　靳宇倡　陈宏松
　　　　　　　陶全桧　马振明　等
　　责任编辑　张晓芬
　　责任印制　马振武

◆ 人民邮电出版社出版发行　　北京市丰台区成寿寺路 11 号
　　邮编　100164　　电子邮件　315@ptpress.com.cn
　　网址　https://www.ptpress.com.cn
　　固安县铭成印刷有限公司印刷

◆ 开本：787×1092　1/16
　　印张：13.5　　　　　　　　2024 年 7 月第 1 版
　　字数：271 千字　　　　　　2024 年 7 月河北第 1 次印刷

定价：69.80 元

读者服务热线：(010)53913866　印装质量热线：(010)81055316
反盗版热线：(010)81055315
广告经营许可证：京东市监广登字 20170147 号

前　言

机器学习使用实例数据来训练计算机。当人们不能通过编写计算机程序直接解决给定的问题，而是要借助实例数据时，可以使用机器学习相关算法来解决。

机器学习在多个领域都取得了一定的成就。在推荐系统领域，零售商通过机器学习可以分析顾客的消费行为，例如啤酒和尿布的案例；在金融领域，金融机构分析过去的交易数据可以预测顾客的信用风险；在生物信息学领域，计算机不仅可以分析海量数据，而且可以提取知识。这些只是本书讨论的一部分。实际上，机器可以在不同的路况、不同的天气条件下驾驶汽车，可以实时翻译各种语言，可以在新环境（如另一个星球的表面）中导航。由此看来，机器学习的确是一个令人激动的研究领域！

在学习本书内容之前，读者需要具备一定的与计算机相关的专业基础和计算机编程语言方面的基础，同时对计算机程序设计、概率论、微积分和线性代数有一定的了解。

本书讨论的许多方法源于统计学、模式识别、神经网络、人工智能、数据挖掘。本书旨在把它们组合在一起，给出问题的统一解决方式。本书共 10 章，每章的内容如下。

第 1 章为机器学习概述。本章从人工智能概述、机器学习的两大学派、机器学习的三要素、机器学习算法的 4 种类型和机器学习的应用，对机器学习进行讲解。

第 2 章为回归算法概述。本章针对常用的回归算法进行讲解，旨在让读者熟悉并掌握几种重要的回归算法。

第 3 章为分类算法概述。本章通过对当前提出的具有代表性的分类算法进行分析和比较，总结每类算法的特性，从而便于读者理解经典分类算法的工作原理及应用。

第 4 章为支持向量机概述。本章介绍支持向量机的原理及应用。通过对本章的学习，读者能进一步理解支持向量机分类器的原理，建立自己的图片分类器，训练分类器达到理想的分类精度。

第 5 章为数据降维概述。本章详细介绍数据降维内容，并通过项目实践总结其用法。

第 6 章为聚类算法概述。本章旨在让读者对聚类算法有整体的理解和认识，并通过项目实践讲解聚类的实际作用。

第 7 章为深度学习概述。本章详细介绍反向传播算法及常用的深度学习模型，并通过项目实践讲解深度学习的应用。

第 8 章为强化学习概述。本章介绍马尔可夫决策和强化学习，并通过项目实践讲解强化学习的应用。

第 9 章为自然语言处理概述。本章通过介绍自然语言处理的工具包、语料库，让读者认识和理解自然语言处理，并通过项目实践介绍自然语言处理的应用。

第 10 章为推荐系统概述。本章介绍推荐系统的概念及主要算法，并通过项目实践全面阐述推荐系统的意义。

本书由成都信息工程大学安俊秀教授、四川师范大学靳宇倡教授，成都信息工程大学的研究生陈宏松、陶全桧、马振明、戴宇睿、蒋思畅、董相宏、袁明坤及高燕老师共同编著，其中第 1 章、第 7 章、第 8 章由陈宏松和安俊秀编写；第 2 章由戴宇睿、高燕编写；第 3 章、第 6 章由马振明和靳宇倡编写；第 4 章由董相宏、袁明坤编写；第 5 章由蒋思畅、靳宇倡编写；第 9 章、第 10 章由陶全桧和安俊秀编写。安俊秀、陈宏松、袁明坤对本书进行了审校。同时，本书的编写和出版还得到了四川省网络文化研究中心基金项目（WLWH22-2）的支持。

尽管在本书的编写过程中，编者力求严谨、准确，但由于技术日新月异，加之编者水平有限，书中难免存在不足之处，敬请广大读者批评指正。

为了便于学习和使用，我们提供了本书的配套资源。读者可以扫描并关注下方的"信通社区"二维码，回复数字 61684，即可获得配套资源。

"信通社区"二维码

安俊秀

2024 年 1 月于成都信息工程大学

目　　录

第 1 章　机器学习概述 ·· 1

  1.1　人工智能概述 ·· 1

    1.1.1　人工智能发展历程 ··· 1

    1.1.2　人工智能与机器学习 ·· 3

  1.2　机器学习的两大学派 ·· 5

    1.2.1　频率学派 ·· 6

    1.2.2　贝叶斯学派 ··· 6

  1.3　机器学习的三要素 ··· 7

    1.3.1　数据 ··· 7

    1.3.2　模型 ··· 8

    1.3.3　算法 ··· 9

  1.4　机器学习算法的 4 种类型 ··· 9

    1.4.1　有监督学习算法 ·· 10

    1.4.2　无监督学习算法 ·· 10

    1.4.3　半监督学习算法 ·· 11

    1.4.4　强化学习算法 ··· 12

  1.5　机器学习的应用 ·· 13

    1.5.1　计算机视觉 ··· 13

    1.5.2　自然语言处理 ··· 14

    1.5.3　机器人 ··· 15

  习题 ··· 16

第 2 章　回归算法概述 ·· 17

  2.1　回归算法简介 ·· 17

2.2 线性回归 ·· 19

    2.2.1 算法原理 ·· 19

    2.2.2 实现及参数 ··· 20

2.3 多元线性回归 ·· 24

    2.3.1 算法原理 ·· 24

    2.3.2 实现及参数 ··· 25

2.4 正则化回归分析 ··· 29

    2.4.1 过拟合与正则化 ·· 29

    2.4.2 岭回归 ·· 30

    2.4.3 套索回归 ·· 32

    2.4.4 弹性网络回归 ·· 33

2.5 贝叶斯模型 ·· 35

    2.5.1 贝叶斯方法 ··· 35

    2.5.2 贝叶斯回归 ··· 36

2.6 Softmax 回归 ··· 40

    2.6.1 算法原理 ·· 40

    2.6.2 实现及参数 ··· 41

2.7 项目实践：航班乘客流量预测 ··· 44

习题 ··· 52

第 3 章　分类算法概述 ·· 53

3.1 分类算法简介 ·· 53

3.2 K 近邻查询算法 ·· 54

    3.2.1 算法原理 ·· 54

    3.2.2 实现及参数 ··· 55

3.3 逻辑回归算法 ·· 58

    3.3.1 算法原理 ·· 58

    3.3.2 实现及参数 ··· 60

3.4 贝叶斯网络与朴素贝叶斯分类器 ··· 62

    3.4.1 贝叶斯网络 ··· 62

    3.4.2 朴素贝叶斯分类器 ·· 63

3.5 决策树算法 ·· 65

    3.5.1 算法原理 ·· 66

3.5.2 选择最优特征 68

3.6 集成学习算法 69

    3.6.1 随机森林算法 70

    3.6.2 AdaBoost 算法 71

3.7 项目实践：水果分类 73

习题 78

第 4 章 支持向量机概述 79

4.1 支持向量机简介 79

    4.1.1 超平面与线性可分 80

    4.1.2 最大化间隔 81

4.2 核函数 81

4.3 多分类处理 84

    4.3.1 "1–a–r" 方法 84

    4.3.2 树形支持向量机多分类方法 85

    4.3.3 决策树支持向量机多分类器 85

4.4 结构风险分析 85

4.5 项目实践：猫分类器 86

    4.5.1 实践准备 87

    4.5.2 训练模型 88

    4.5.3 验证模型 90

习题 92

第 5 章 数据降维概述 93

5.1 数据降维简介 93

5.2 线性降维 94

    5.2.1 PCA 94

    5.2.2 使用最大投影方差理解 PCA 97

    5.2.3 使用最小重构代价理解 PCA 98

    5.2.4 LDA 100

5.3 非线性降维 103

    5.3.1 局部线性嵌入 103

    5.3.2 拉普拉斯特征映射 104

5.3.3　随机近邻嵌入 ·· 107

5.3.4　t 分布随机近邻嵌入 ·· 108

5.4　自编码器 ·· 108

5.5　项目实践：自编码器 ·· 114

习题 ··· 117

第 6 章　聚类算法概述 ·· 118

6.1　聚类算法简介 ·· 118

6.2　基于划分的聚类算法 ·· 119

6.2.1　K 均值聚类算法 ·· 119

6.2.2　EM 算法 ··· 121

6.3　基于密度的聚类算法 ·· 123

6.3.1　DBSCAN 算法 ··· 123

6.3.2　DPC 算法 ··· 127

6.4　基于图的聚类算法 ··· 129

6.5　项目实践：人脸图像聚类 ··· 131

习题 ··· 134

第 7 章　深度学习概述 ·· 135

7.1　深度学习简介 ·· 135

7.2　感知器 ··· 136

7.3　人工神经网络 ·· 138

7.4　反向传播算法 ·· 139

7.5　常用的深度学习模型 ·· 144

7.5.1　CNN ··· 144

7.5.2　RNN ··· 148

7.5.3　GAN ··· 152

7.6　项目实践：图片分类 ·· 154

习题 ··· 158

第 8 章　强化学习概述 ·· 159

8.1　强化学习简介 ·· 159

8.2　马尔可夫决策 ·· 161

8.2.1　马尔可夫性质 ·· 161

8.2.2　马尔可夫过程 ·· 161

8.2.3　马尔可夫决策过程 ·· 164

8.2.4　最优价值函数与最优策略 ·· 165

8.3　基于免模型的强化学习算法 ·· 166

8.3.1　蒙特卡罗算法 ·· 166

8.3.2　时序差分算法 ·· 167

8.4　强化学习前沿 ··· 169

8.4.1　逆向强化学习 ·· 169

8.4.2　分层强化学习 ·· 170

8.4.3　深度强化学习 ·· 171

8.5　项目实践：车杆游戏 ·· 172

习题 ··· 173

第 9 章　自然语言处理概述 ··· 174

9.1　自然语言处理简介 ··· 174

9.2　自然语言处理工具包和语料库 ·· 175

9.2.1　自然语言处理工具包 ··· 175

9.2.2　语料库 ·· 176

9.3　自然语言处理技术分类 ·· 177

9.3.1　自然语言处理基础技术分类 ··· 177

9.3.2　自然语言处理应用技术分类 ··· 179

9.4　Transformer ·· 180

9.4.1　Transformer 整体结构 ·· 181

9.4.2　自注意力机制 ·· 183

9.4.3　Transformer 总结 ·· 187

9.5　项目实践：新闻文本分类 ·· 187

习题 ··· 190

第 10 章　推荐系统概述 ·· 191

10.1　推荐系统简介 ·· 191

10.1.1　什么是推荐系统 ·· 191

10.1.2　个性化推荐系统的应用 ·· 191

10.2　协同过滤推荐算法 ···································· 193

　10.2.1　基于用户的协同过滤推荐算法 ···················· 193

　10.2.2　基于物品的协同过滤推荐算法 ···················· 194

10.3　因子分解机算法 ······································ 195

　10.3.1　FM 算法的背景 ······························· 195

　10.3.2　FM 算法的优势 ······························· 195

　10.3.3　FM 算法的衍生算法 ···························· 196

10.4　梯度提升决策树算法 ···································· 196

　10.4.1　回归树 ···································· 196

　10.4.2　梯度迭代 ·································· 196

　10.4.3　缩减 ····································· 198

10.5　评价指标 ·· 198

　10.5.1　在线评价体系 ································ 198

　10.5.2　离线评价体系 ································ 199

10.6　项目实践：电影推荐系统 ································ 201

　10.6.1　电影推荐系统的需求分析 ······················ 201

　10.6.2　系统架构的设计 ······························ 201

　10.6.3　推荐系统的实现 ······························ 202

习题 ··· 205

参考文献 ··· 206

第1章 机器学习概述

机器学习中的机器就是指计算机，而学习是指一个系统通过执行某个过程改进它的性能。所以，机器学习主要是设计和分析一些让计算机可以自动"学习"的算法，使计算机系统能够具有自动学习特定知识和技能的能力。机器学习在人工智能领域占据重要地位，学习能力是人工智能的关键特征之一，一个真正智能的系统必须具有学习的能力，而传统的智能系统普遍缺乏这一特征。随着人工智能的深入发展，这些缺陷变得越发显著。因此，机器学习逐渐成为人工智能研究的核心内容之一。本章将从人工智能概述、机器学习的两大学派、机器学习的三要素、机器学习算法的 4 种类型和机器学习的应用，对机器学习进行概述。

1.1 人工智能概述

人工智能（AI）是研究用于模拟人的智能的一门技术科学。它的目的就是让机器能够像人一样思考，让机器拥有智能。人工智能从诞生以来，相应的理论和技术日益成熟，应用领域也不断扩大。

1.1.1 人工智能发展历程

人工智能的起点可以追溯到 20 世纪中叶。在 1950 年，被称为"计算机之父"的艾伦·图灵在他的论文《计算机器与智能》中提出了著名的图灵测试，这被认为是人工智能研究的重要开端，图灵测试旨在评估机器能否表现出与人类一样的智能。在 1951 年，马文·明斯基和邓恩·埃德蒙共同构建了早期的神经网络计算机——SNARC（随机神经模拟强化计算机），这被视为人工智能的重要里程碑。

1956 年，在达特茅斯会议上，计算机专家约翰·麦卡锡提出了"人工智能"一词，人工智能正式诞生。不久后，约翰·麦卡锡从达特茅斯学院搬到了麻省理工学院（MIT），与马文·明斯基共同创建了世界上第一座人工智能实验室——MIT AI 实验室。这一时期被认为是人工智能领域的开创性阶段，为后来的研究和发展奠定了基础。

回顾人工智能的发展史，我们可以看到其发展并非一帆风顺。人工智能的发展历程如图 1-1 所示。

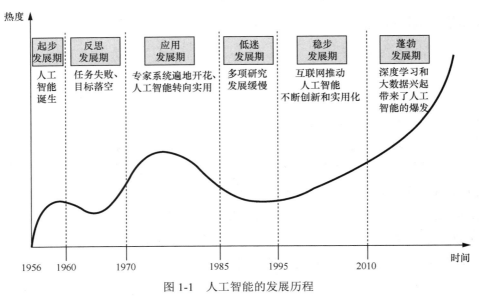

图 1-1　人工智能的发展历程

从图 1-1 中可以看出，人工智能的发展历程划分为以下 6 个阶段。

1．起步发展期：1956—1960 年

20 世纪 50 年代，在达特茅斯会议上确立了人工智能这一术语，此后，又陆续出现了跳棋程序、感知神经网络软件和聊天软件，研究人员用机器去证明和推理一些定理，相继取得了令人瞩目的研究成果。

2．反思发展期：1960—1970 年

人工智能发展初期的突破性进展提升了人们对人工智能的期望，人们提出一些具有挑战性的任务，但频繁的失败和预期目标的落空导致人工智能的发展走入低谷。人工智能进入第一个寒冬。

3．应用发展期：1970—1985 年

20 世纪 70 年代出现了专家系统，模拟人类专家的知识和经验解决特定领域的问题。这一时期见证了人工智能从理论研究向实际应用的转变，专家系统在医疗、化学、地质等领域取得成功，推动人工智能走入应用发展的新高潮。

4．低迷发展期：1985—1995 年

随着人工智能的应用规模不断扩大，专家系统的问题逐渐显现。专家系统存在的问题包括应用领域狭窄、缺乏常识性知识、知识获取困难、推理方法单一等。人工智能进入了第二个寒冬。

5．稳步发展期：1995—2010 年

互联网的普及与成熟，成为推动人工智能创新研究的关键因素，引领着人工智能技术逐渐朝着实用化方向迈进。1997 年，国际商业机器公司（IBM）研发的"深蓝"超级计算机战胜了国际象棋世界冠军卡斯帕罗夫。2002 年，iRobot 公司推出了家用自动化扫地机器人，为家庭生活带来了便利。2006 年，深度学习的概念正式被提出，引领了人工智能技术的新方向。2008 年，谷歌发布了一款语音识别应用，拉开了数字化语音助手的发展序幕。这一系列标志性事件共同构成了当时人工智能领域的重要发展节点。

6．蓬勃发展期：2010 年至今

随着大数据、云计算等信息技术的发展，以深度神经网络为代表的人工智能技术迎来了重大突破，涵盖图像分类、语音识别、对话生成、人机对弈、无人驾驶等领域。同时，这一轮人工智能发展的影响已经远远超出学界，政府、企业、非营利机构都开始拥抱人工智能技术。2016年，谷歌人工智能 AlphaGo 战胜围棋世界冠军李世石，这一轮人机对弈让人工智能正式被世人熟知。2022 年，由 OpenAI 公司开发的 ChatGPT 火爆全球，它卓越的表现使其在多个行业得到广泛应用。ChatGPT 的成功不仅提高了人工智能在业务和日常生活中的实用性，也使人工智能领域迎来了新一轮爆发。我们身处的第三次人工智能浪潮仅仅是一个新阶段的开始，人工智能的高速发展将为我们拉开一个新时代的序幕。

1.1.2　人工智能与机器学习

人工智能是一门跨学科的科学技术，依赖于计算机科学、心理学、神经科学、生物学、数学、社会学和哲学等多个学科的交叉融合，如图 1-2 所示。其核心目标之一是使机器能够执行通常需要人类智慧才能完成的复杂任务。从智能语音助手 Siri 的问世，到 AlphaGo 在围棋领域的胜利，再到 ChatGPT 在自然语言处理中的成功，人工智能在不同领域展现出强大的应用潜力。这一领域的突飞猛进引起了各国的高度重视，许多国家纷纷制定人工智能发展战略，将其视为经济增长的新动力。

机器学习是人工智能研究的核心内容，是现阶段解决很多人工智能问题的主流方法。它的应用已遍及人工智能的各个分支，如专家系统、自动推理、自然语言理解、模式识别、计算机视觉、智能机器人等领域。尤其是专家系统中的瓶颈问题——知识获取，人们一直试图采用机器学习的方法解决。机器学习的历史可以追溯到 17 世纪，从最小二乘法的推导到马尔可夫链的提出，构成了机器学习广泛使用的工具和基础。经过多年的发展，机器学习的理论和方法得到了完善。1980 年，机器学习成为一个独立的研究方向。

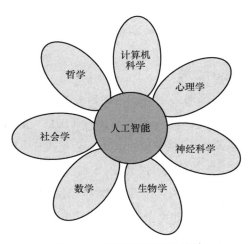

图 1-2　人工智能涉及的学科

机器学习是人工智能的一个分支，也可以被认为是人工智能的子集，它们之间存在一种包含关系，如图 1-3 所示。作为一门多学科交叉专业，机器学习涵盖概率论、统计学、近似理论和复杂算法知识。在机器学习相关的研究中，人们以计算机作为工具并致力于使计算机真实且实时地模拟人类学习方式，通过对现有内容进行结构划分提高学习效率。也可以理解为，机器学习是计算机通过运用可以自动"学习"的算法并从数据中分析获得规律，然后利用规律对新样本进行预测的过程。机器学习专注于训练机器，旨在实现机器像人类一样分析和学习数据。因此，机器学习是一种致力于开发人工智能系统的技术。

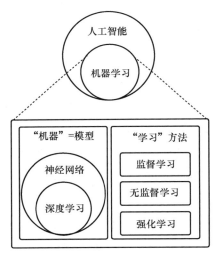

图 1-3　人工智能与机器学习的关系

机器学习使计算机能够从数据中抽取规律和模式，并将这些发现应用在新的数据上，以完成预测的任务。这个过程类似于人类学习的过程，机器学习模型通过自我调整，不断优化，从而在处理未知数据和复杂任务时表现出强大的预测能力。为了更具体地描述这个过程，我们以人类学习的过程为例：一个小宝宝，他的妈妈买回来一个苹果并告诉他这是苹果，那么他就会对苹果有所认知；第二天，他的妈妈买了一个不一样的苹果，但是告诉他这个还是苹果，那么他就会对苹果有新的认知；经过认识不同种类的苹果，小宝宝对苹果形成了自己的认知，可以去判断什么样的东西是苹果。他能根据自己的经验总结规律，然后判断新看到的物品是不是苹果，其他的水果也是同理。这样就完成了一个人类学习的过程。人类学习的过程如图 1-4 所示。

对于机器学习来说，它需要大量的历史数据，而且需要知道正确的分类结果，例如什么是香蕉，什么是苹果。经过这样的训练，它会形成一个模型，当有新的数据输入时，它会根据模型算出这个物品属于什么类别。机器学习的过程如图 1-5 所示。

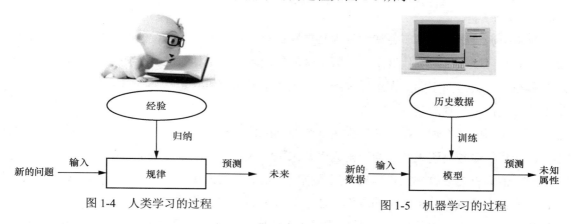

图 1-4　人类学习的过程　　　　　图 1-5　机器学习的过程

机器学习在人工智能领域扮演着至关重要的角色。一个真正智能的系统必须具备学习的能力，而过去的智能系统往往缺乏这一关键特征。例如，它们无法在遇到错误时进行自我校正，不能通过经验改进自身性能，也不具备自动获取和发现所需知识的能力。这些系统的推理仅限于演绎，缺少归纳能力，因此最多只能证明已知的事实和定理，而无法发现新的定理和规则。随着人工智能的深入发展，这些限制变得更加明显。正是在这样的背景下，机器学习逐渐成为人工智能研究的核心组成部分。机器学习赋予智能系统从数据中学习、适应和优化的能力，使其能够不断提高性能、纠正错误，并自动获取新的知识，从而推动了人工智能领域的进步。

1.2　机器学习的两大学派

在机器学习中，问题的本质通常可以转化为求解目标函数的最优解。而最大似然估计（MLE）和最大后验概率（MAP）估计代表了两种基本思想，分别对应频率学派和贝叶斯学派的观点。具体而言，频率学派认为世界是确定的，存在一个本体，其真值是固定不变的。频率学派的目标是找到这个真值或者真值所在的范围。最大似然估计是频率学派的一种方法，通过选择参数值，使观测数据的发生概率最大，从而估计真实参数。

相反，贝叶斯学派认为世界是不确定的。人们先对世界进行预判，然后通过观测数据对这个预判进行调整。贝叶斯学派的目标是找到描述这个世界的最优概率分布。MAP 是贝叶斯学派的一种方法，结合先验概率和观测数据，得到参数的后验概率分布，并选择使后验概率最大的参数值作为估计值。下面就分别对频率学派和贝叶斯学派进行描述。

1.2.1　频率学派

频率学派将概率视为事件在大量独立重复试验中发生的频率，尤其在数据量足够多的情况下，频率可以被近似看作概率。在频率学派的观点中，事件本身被认为服从某种分布，而这个分布的参数是固定的。在进行推断时，频率学派相信概率是一个确定的值，尽管具体的概率值可能尚未被观测到。

频率学派的核心理念在于通过大量观测数据来建立对概率的估计，以便做出科学合理的推断。让我们以预测明天是否会下雨为例，来更深入地介绍频率学派的方法。在频率学派的观点中，他们首先会收集大量历史天气数据，特别是与明天相似的气象条件下的观测，来了解在这些特定天气条件下下雨的频率。通过对过去的观测进行统计分析，他们可以计算出在相似的天气条件下下雨的概率。例如，如果我们知道过去几个月的天气数据，我们可能会说：“这个季节下雨的概率相对较高。”这种说法就是基于历史概率的观点，强调通过大量观测来理解事件发生的规律。

频率学派的方法注重观测数据的稳定性和普适性。他们相信通过更多的观测，可以得出更可靠的概率估计。在天气预测的例子中，如果观测数据的样本足够大，那么他们相信通过这些数据可以较为准确地估计明天下雨的概率。然而，频率学派的方法也存在一些限制。首先，他们在建模过程中相对较少考虑先验知识，即先前对事件的了解。这使他们的推断更依赖于观测数据本身，对于新情境或少量数据的情况可能表现不足。其次，如果观测数据的样本数量较少，或者历史数据存在较大的波动，他们的概率估计可能会相对不稳定。

1.2.2　贝叶斯学派

贝叶斯学派是统计学中的一种思维方式，其核心理念在于对不确定性的处理。这一方法的名字来源于英国数学家托马斯·贝叶斯。与传统的频率学派不同，贝叶斯学派注重先验知识和观测数据的结合，通过不断修正先前的猜测来获得更准确的概率估计。

为了更好地理解贝叶斯学派，我们仍以预测明天是否会下雨为例。如果你是一位贝叶斯学派的支持者，你可能会从自己先前的经验出发，考虑今天的天气、云的形状、气温等因素，形成一个初步的猜测，这就是所谓的"先验概率"。然后，你出门观察天空，看到乌云密布，这是一种观测数据。在贝叶斯学派的眼中，这些观测数据是有助于修正你先前猜测的信息。你会考虑这些数据，然后更新你的判断，这就是所谓的"后验概率"。贝叶斯学派强调我们可以在已有的信息基础上，通过观察新的数据来不断修正我们的预测。这就好比你不断观察天空的变化，每次都在先前了解的基础上，更加准确地猜测明天是否会下雨。在统计学中，这个过程被称为贝叶斯推断。

1.3 机器学习的三要素

机器学习的核心要素包括数据、模型和算法，它们之间的关系如图 1-6 所示。在机器学习中，数据是输入的基础，学到的结果被称为模型（通过执行特定的学习算法来获取模型）。接下来，我们将对机器学习的三要素进行详细描述。

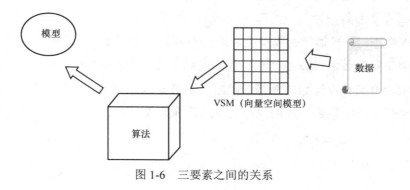

图 1-6 三要素之间的关系

1.3.1 数据

数据是指对客观事件进行记录并可以鉴别的符号，是对客观事物的性质、状态和相互关系等进行记载的物理符号或这些物理符号的组合。它是可识别的、抽象的符号，可以是狭义上的数字，也可以是图像、视频、音频等，还可以是客观事物的属性、数量、位置及其相互关系的抽象表示。例如，"0、1、2""阴、雨、下降、气温""学生的档案记录、货物的运输情况"等都是数据。

在机器学习任务中，数据样本的质量对于模型的性能至关重要，机器学习工作流的最终目标是建立一个有效的机器学习模型。因此，模型能够达到的性能上限是由数据的质量决定的。然而，原始数据可能存在各种问题，如缺失值、图像不规范、语句不通顺等，这可能导致训练的模型在实际应用中表现不佳。有人可能会想：为什么不直接使用高质量完整的数据，而要使用部分数据呢？这就涉及在现实中获取数据面临的种种挑战。

首先，由于数据量庞大，获取高质量完整的数据可能是一项昂贵并耗时的任务。其次，由于涉及隐私，有些关键的数据可能无法被收集到。最后，某些问题可能涉及特定领域的专业知识，而在该领域内收集高质量数据可能非常困难。因此，即使采用了先进的机器学习算法，如果输入的数据质量不高，模型的效果也会受到影响。

除了数据的质量，处理数据的方法也非常重要。计算机通常只能处理数值数据，不能直接处理图片或文字等非数值数据。要想解决这个问题，需要构建一个向量空间模型，将非数值数据（如文字、图片、音频、视频等）转化为数值向量，然后将这些向量输入机器学习程序。常见的空间向量模型有 TF-IDF、Word2Vec 等。

1.3.2　模型

机器学习中的模型可以被视为一个函数 F，在给定输入的情况下，产生相应输出的映射。与传统的预先定义好的固定函数不同，机器学习模型是通过训练算法从数据中推导出来的，这意味着模型的行为是根据输入数据的模式和规律进行学习和调整的。因此，当面对不同的输入数据时，机器学习模型会展现出不同的行为，具有一定的灵活性和泛化能力。例如，在图像识别领域，可以通过训练模型来识别照片中的对象，例如猫。训练的过程可能涉及数千张带有猫和没有猫的图像。机器学习算法通过学习这些图像的模式和特征，生成一个能够推断照片中是否有猫的模型，一旦训练完成，这个模型就可以被用于新的图像，如图 1-7 所示。

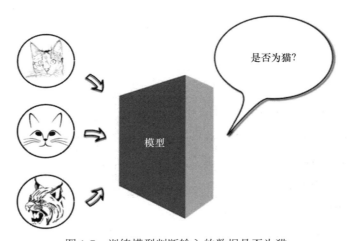

图 1-7　训练模型判断输入的数据是否为猫

在上述情境中，机器学习模型可以被看作一个将多维像素值映射到二进制值的函数。假设我们有一张三维像素的照片，每个像素的取值范围是 0～255，而且每个像素包含 3 种颜色（RGB），那么输入和输出之间的映射空间将是(256×256×256)×2，大约是 3355 万。这意味着对于每一种可能的三维像素组合，模型都需要输出一个对应的二进制值，构成一个巨大而复杂的映射空间。在这种情况下，机器学习的过程涉及找出数百万像素与"是/否"答案的潜在映射关系。由于机器学习模型具有近似性，因此我们不能期望其在所有情况下都能够达到 100%的精确度。这意味着对于新的数据，模型可能会进行错误的预测。即使在相对简单的任务中，最好的机器学习模型也只能达到有限的精确度。

1.3.3　算法

算法是揭示数据中潜在关系的过程。机器学习算法是一类从数据中自动分析获得规律，并利用规律对未知数据进行预测的技术。因为机器学习算法涉及大量统计学理论，与统计学有密切联系，所以学习算法也被称为统计学习理论。机器学习算法通常分为 4 类，1.4 节将具体讲解。

1.4　机器学习算法的 4 种类型

机器学习算法涉及方方面面的内容。根据学习的方式可以将它们分为不同类别：有监督学习算法、无监督学习算法、半监督学习算法、强化学习算法，如图 1-8 所示。下面具体介绍这 4 种类型的机器学习算法。

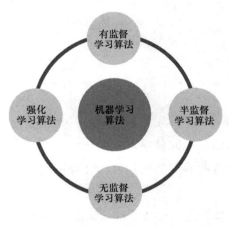

图 1-8　机器学习算法的 4 种类型

1.4.1 有监督学习算法

有监督学习算法是指在存在标记的样本数据中进行模型训练的过程，是机器学习中较为成熟的学习算法。在有监督学习过程中，计算机从过去的数据中学习，并将学习的结果应用到当前的数据中，以预测未来的事件。在这种情况下，输入和期望的输出数据都有助于预测未来事件。有监督学习算法需要有大量的训练数据，还需要正确的数据标记，其主要功能是提供误差的精确度量。有监督学习的过程是建立预测模型的过程，机器可以根据误差的精确度量不断调整预测模型，直到预测模型的结果达到一个预期的准确率，这样模型的准确性可以得到保证。

有监督学习算法本质上是复杂的算法，具体可以分为分类和回归。分类和回归的主要区别在于待预测的结果是否为离散值。若待预测的数据是离散的，则此类学习任务叫作"分类"；若待预测的数据是连续的，则此类学习任务叫作"回归"，如图 1-9 所示。假如目标任务是预测明天是晴天还是雨天，就是一个分类任务；假如目标任务是预测明天的气温是多少度，就是一个回归任务。分类问题只涉及两个类别时，我们称其中一个为正类，另一个为反类；当分类问题涉及多个类别时，我们则称其为多分类任务。

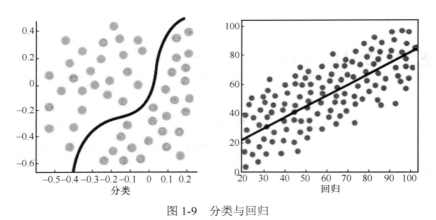

图 1-9　分类与回归

1.4.2 无监督学习算法

在现实生活中，由于缺乏足够的先验知识，并且人工标记类别的成本较高，因此我们希望计算机能够完成这些工作。无监督学习就是一种在类别未知的情况下解决模式识别问题的方法。这些训练样本没有明确的类别标签，计算机需要自己发现数据的内在结构，从而获取其中的模式和规律。

常见的两类无监督学习算法是聚类和降维，如图 1-10 所示。简单地说，聚类是一种自动分类的方法，我们并不清楚聚类后的每个组别分别代表什么意思。聚类的目标是发现数据中的自然群组，而不是提前知道这些群组的存在。降维类似于数据的压缩，其目的是在尽可能保留相关结构的同时降低数据的复杂度。无监督学习算法的重点在于寻找数据集中的规律，计算机在利用这些规律时不一定需要对数据进行明确分类。无监督学习算法通常被应用在不存在标签的数据集中，这使它们比有监督学习算法的用途更广泛。例如，分析数据的主要成分或研究数据集的特征都可以利用无监督学习算法。

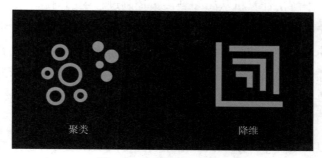

聚类　　　　　　　　　　降维

图 1-10　无监督学习算法

1.4.3　半监督学习算法

介于有监督学习算法和无监督学习算法的是半监督学习算法。半监督学习算法涉及的训练数据一部分有标记，另一部分没有标记，而无标记数据的数量常常远多于有标记数据的数量。

半监督学习的基本规律：数据的分布必然不是完全随机的，结合有标记数据的局部特征及大量无标记数据的整体分布，可以得到比较好的分类结果。有标记数据的数量占所有样本的数量比例较小时，直接采用有监督学习算法并不可行，因为用于训练模型的数据分布不能代表整体分布。如果直接采用无监督学习算法则造成有标记数据的浪费。这时只能采用折中的半监督学习算法。

如果有训练集 $D_l = \{(x_1, y_1), (x_2, y_2), (x_3, y_3), \cdots, (x_l, y_l)\}$，这 l 个样本的类别被标记已知，是有标记数据。此外还有 $D_u = \{x_{l+1}, x_{l+2}, x_{l+3}, x_{l+4}, \cdots, x_{l+u}\}$，$l \ll u$，这 u 个样本的类别标记是未知的，是无标记数据。如果使用传统的有监督学习算法，则只能利用 l 个有标记数据，而数据量更大的无标记数据则造成浪费，并因为样本数据较少造成模型泛化能力较弱。若利用无监督学习算法，则 l 个有标记数据无法利用。而半监督学习算法不依赖外界交互，自动利用无标记数据来提升学习性能。

在半监督学习过程中，尽管无标记数据没有明确的标记信息，但是其数据分布特征与有标记数据的分布往往是相关的，这样的统计特征对预测模型十分有用。半监督学习算法的基本思想是利用数据分布上的模型假设建立学习模型对无标记数据进行标记，也就是在进行半监督学习时，系统希望对无标记数据进行标记，从而寻找最优的模型。由此也可以看出如何综合利用有标记数据和无标记数据是半监督学习要解决的问题。

1.4.4 强化学习算法

强化学习算法用于解决计算机从感知到决策控制过程中的问题，是一类特殊的机器学习算法。强化学习算法以目标为导向，从"空白"的状态开始，经由多个步骤来实现某一维度上的目标最大化。简单来说，就是在训练过程中，不断地去尝试，错误就惩罚模型，正确就奖励模型，由此训练得到的模型在各个状态环境中都表现良好。强化学习算法强调如何基于环境而行动，以取得最大化的预期利益。强化学习算法一般适用于游戏、下棋等需要连续决策的领域。

在进行强化学习的过程中，系统只会给算法执行的动作进行评价反馈，而且反馈具有一定的延时性，当前动作产生的后果在未来会得到完全的体现。强化学习算法不同于有监督学习算法和无监督学习算法，主要表现在强化信号上，强化学习算法中的强化信号是对产生动作的一种评价（通常为标量信号），而不是告诉强化学习系统（RLS）如何去产生正确的动作。由于外部环境提供的信息很少，强化学习系统必须靠自身的经历进行学习。通过这种方式，强化学习系统在行动-评价的环境中获得知识，改进行动方案以适应环境。

强化学习算法从动物学习、参数自适应控制等理论发展而来。其基本原理：如果智能体的某个行为策略导致环境正的奖赏（强化信号），那么智能体以后产生这个行为策略的趋势便会加强。智能体的目标是在每个离散状态中发现最优策略以使期望的奖赏最大。强化学习算法把学习看作试探评价过程，智能体选择一个动作作用于环境，环境接受该动作后状态发生变化，同时产生一个强化信号（奖励或惩罚）反馈给智能体，智能体根据强化信号和环境的当前状态再选择下一个动作，选择的原则是使受到正奖励（强化）的概率增大。选择的动作不仅影响这一时刻的强化值，而且影响下一时刻的状态及最终的强化值。强化学习算法的过程如图 1-11 所示。

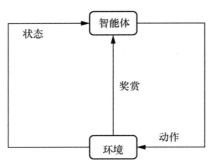

图 1-11　强化学习算法的过程

常见的强化学习算法是标准的马尔可夫决策过程。按给定条件，强化学习算法可分为基于模式的强化学习算法、无模式强化学习算法、主动强化学习算法和被动强化学习算法。强化学习算法的变体包括逆向强化学习算法、分层强化学习算法和部分可观测系统的强化学习算法。求解强化学习问题所使用的算法可分为策略搜索算法和值函数算法两类。深度学习模型可以在强化学习算法过程中得到使用，形成深度强化学习算法。强化学习算法的具体内容将在第 8 章详细介绍。

1.5　机器学习的应用

随着智能家电、可穿戴设备、智能机器人等产品的出现和普及，人工智能技术已经深入生活的各个领域，引发越来越多的关注。而感知、通信与行动是现代人工智能的 3 个关键能力，分别对应着计算机视觉、自然语言处理和机器人 3 个机器学习的重要分支。下面就从这 3 个方面来说明机器学习的应用。

1.5.1　计算机视觉

计算机视觉是一门研究如何使机器"看"的科学，其主要目标是让机器能够理解和解释图像中的内容，类似于人眼的视觉感知过程。进一步说，就是指用各种传感器（如摄像头）对目标进行采集、识别和测量等，并进一步处理图像，使图像更适合眼睛观察或传送给仪器检测。计算机视觉的典型应用是智能安防技术和人脸识别技术。

1．智能安防技术

各级政府大力推进"平安城市"建设，监控点位越来越多，产生了海量的数据（图片和视频）。尤其是高清监控的普及，整个安防监控领域的数据量都在呈爆炸式增长，依靠人工来分析和处理这些信息变得越来越困难。以计算机视觉为核心的智能安防技术具有海量的数据源以及丰富的数据层次，同时安防业务的本质诉求与人工智能的技术逻辑高度一致，从事前的预防到事后的案件追查，计算机视觉都提供了很大的帮助。

2．人脸识别技术

人脸识别技术是基于人的脸部特征信息进行身份识别的一种生物识别技术。具体而言，人脸识别技术是用摄像机采集含有人脸的图像或视频流，并自动在图像中检测和跟踪人脸，进而对检测到的人脸进行识别的一系列相关技术，如图 1-12 所示。人脸识别技术是计算机视觉应用下的产物，无论是人脸解锁，还是人脸刷卡，人脸识别技术已经被广泛应用。

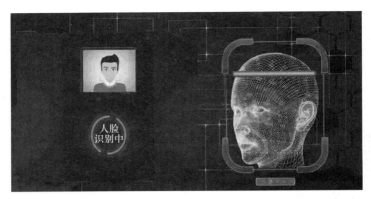

图 1-12　人脸识别技术

1.5.2　自然语言处理

自然语言处理是人工智能和语言学领域的分支学科，旨在通过研究和开发计算机系统，使其能够理解、处理和生成自然语言，从而实现人机之间的有效沟通。与人类使用语言进行交流类似，机器通过数字信息进行交流，而不同语言之间的沟通需要遵循一定的规则，就像人类需要翻译才能理解不同语种一样。自然语言处理就像是人与机器之间的翻译机，通过制定规则和方法，让计算机能够理解和生成自然语言，实现有效的人机交流。自然语言处理的研究领域涵盖语音识别、对话生成等多个方面。其目标是建立能够处理自然语言的计算机系统，使其在语音、文本等形式的交流中表现出人类的理解和生成能力。

1.　语音识别

语音识别是指识别语音（人类说出的语言）并将其转换成对应文本的一项技术。随着大数据和深度学习技术的发展，语音识别进展迅速。语音识别系统能够处理人类语言的声音片段，精确识别词语并从中推断出含义。最典型的产品有苹果公司的 Siri（智能语音助手）、百度的小度智能音箱等。图 1-13 所示为小度智能音箱与人互动的场景。

图 1-13　小度智能音箱与人互动的场景

2．对话生成

对话生成是指利用计算机技术自动生成对话式文本的过程。在日常交流中，人们可能会借助聊天应用或语音助手进行对话。在专业领域，对话生成系统（如客户服务或虚拟助手）可以通过学习大量语言数据，实现更自然、准确的对话交互。近年来，随着机器学习和自然语言处理的发展，ChatGPT、文心一言等先进的对话生成模型逐渐崭露头角，不仅在搜索和知识问答中发挥作用，还在创造性写作、教育辅助和虚拟助手等领域展现了广泛的应用。ChatGPT 界面如图 1-14 所示。

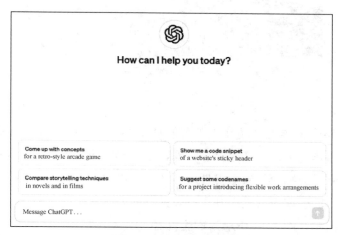

图 1-14　ChatGPT 界面

1.5.3　机器人

人工智能的知识应用涉及各个领域，其中最显著的交叉应用之一是机器人。机器人是能够自动执行任务的机械装置，既可以受人类指挥，也可以按照预先编制的程序执行任务，还可以基于人工智能技术的纲领自主行动。机器人的任务包括辅助或替代人类进行一些工作，尤其是在生产和建筑领域中的危险工作。

机器人可以分为两大类：固定机器人和移动机器人。固定机器人通常用于工业生产，例如机械臂、工业机器人；而移动机器人包括物流机器人、空中机器人等。为了实现最优性能，机器人需要不同硬件和软件的协同工作。硬件方面包括传感器、执行器和控制器，而软件则涉及定位、地图绘制和目标识别等。下面将以工业机器人和物流机器人为例，分别介绍固定机器人和移动机器人的应用。

1．工业机器人

工业中应用较多的是工业机器人。工业机器人是指由计算机控制的可再编程的多功能操作器。一般的工业机器人由手臂、腕、末端执行器和机身等部分组成，具有类似人类上肢的多自由度运动的功能，较高级的工业机器人具有感觉、识别和决策能力，如图 1-15 所示。这种机器人可以进行自我诊断和修复，减少企业开支，提高生产效率。

图 1-15　工业机器人

2. 物流机器人

物流机器人是结合机器人产品和人工智能技术实现的高度柔性和智能的物流自动化产物。消费升级下的市场压力，海量库存的管理，难以控制的人力成本，都已经成为电商、零售等行业的共同难题。而物流机器人管理成本低，可以满足各种分拣效率和准确率的要求，投资回报周期短。它的出现可有效提升生产柔性，助力企业实现智能化转型，也将越来越多地被应用在日常生活中。图 1-16 所示为物流机器人。

图 1-16　物流机器人

习　题

1. 什么是机器学习？
2. 机器学习在人工智能领域中的作用有哪些？
3. 机器学习的流派有什么区别？
4. 机器学习的三要素之间有何种关系？
5. 机器学习算法有哪几种类型？

第2章 回归算法概述

在数学建模、分类和预测中，回归是一种历史悠久但功能强大的重要工具。数据科学家常常使用回归方法，其应用广泛，在工程、物理学、生物学、金融、社会科学等领域都有应用。

2.1 回归算法简介

回归算法是一种比较常用的有监督学习算法，用于揭示变量（自变量 x）和观测值（因变量 y）之间的关系。从机器学习的角度来讲，回归算法致力于构建一个算法模型（函数）以探寻自变量 x 与因变量 y 之间的映射关系。机器在学习过程中，旨在寻找一个函数，这个函数能实现所有样本点的距离和是最小的。

回归算法常用于预测和分类领域，其最终产生一个连续的数据值，输入值（属性值）是一个 n 维的属性或数值向量。例如，在估计房价时，需要确定房屋面积（自变量）与其价格（因变量）之间的关系，利用这一关系可以预测给定面积的房屋价格，同时，可能存在多个影响价格的自变量，例如房屋的地段、户型等。通常来说，回归算法有两个重要的组成部分，即自变量和因变量的关系，以及不同自变量对因变量的影响程度。

目前，有多种回归算法已经被应用于各个领域，下面介绍主要的回归算法。

1. 简单线性回归

简单线性回归使用最佳拟合直线（也称为回归线），在因变量（y）和一个或多个自变量（x）之间建立关系。简单线性回归由等式 $y = ax + b$ 表示，其中，a 是直线的斜率，b 是截距。该方程式可用于基于给定的预测变量来预测目标变量的值。

2. 多元线性回归

在回归分析中，当存在两个或多个自变量时，则称这种情况为多元线性回归。在实际应用中，常常需要考虑一个现象可能与多个因素相关联。于是使用多个自变量的最优组合来共同预测或估计因变量，通常比仅使用一个自变量更有效和符合实际情况。总体而言，回归分析是一种强大的预测工具，而多元线性回归在许多情况下比简单线性回归更高效、实用。

3. 多项式回归

用多项式描述一个因变量与一个或多个自变量之间的关系的分析方法，称为多项式回归。在这种回归算法中，自变量可以是多次幂的，也可以是多项的，其最佳拟合线不是直线，而是一个用于拟合数据点的曲线。

4. 正则化回归

当数据量少、特征也少时，训练的模型容易欠拟合，则可通过交叉验证来弥补。当数据量少、特征非常多时，容易出现过拟合，则要通过正则化来调整拟合结果，于是加入正则化惩罚项的回归算法便出现了。一般常用的正则化回归有以下 3 种。

① 套索回归。"套索"（最小绝对收缩和选择算子）在代价函数中加入惩罚项，惩罚了回归系数的绝对大小。其通过在惩罚函数中使用绝对值惩罚项，使某些参数估计精确地变为零，这样的正则化又可以叫作 L1 正则化。在 L1 正则化中随着施加的惩罚增大，估计值进一步缩小至绝对零，从而在给定的 n 个变量中选择变量。这种方法倾向于完全消除最不重要的特征的权重（也就是将某些变量设置为零）。

② 岭回归。岭回归分析是在存在多重共线性（自变量高度相关）数据中使用的一种技术。在多重共线性情况下，尽管最小二乘法（LSM）对每个变量的更新幅度比较一致，但变量间高度线性相关，导致参数估计的标准误差较大，使观测值偏移并远离真实值。在岭回归过程中，我们通过给回归估计增加一个偏差度，也就是加入平方惩罚项来降低过拟合，这样的正则化又可以叫作 L2 正则化。

尽管套索回归能够处理过拟合，但它缺乏稳定性，因此岭回归是套索回归的可替代方案。岭回归要求每个系数都尽可能小，但是不会设置某些系数为零。

③ 弹性网络回归。弹性网络回归是套索回归和岭回归的混合体。它使用 L1 和 L2 先验作为正则化矩阵，并通过一个比例参数来调节 L1 和 L2 正则项的凸组合。当有多个相关的特征时，套索回归会随机挑选其中一个，而弹性网络回归则会选择两个，这种情形下弹性网络回归是很有用的。

5. 贝叶斯回归

贝叶斯回归是使用统计学中的贝叶斯推断方法求解的线性回归模型，其将线性模型的参数视为随机变量，并通过模型参数（权重系数）的先验计算其后验。

6. Softmax 回归

Softmax 回归其实是逻辑回归的一般形式，逻辑回归用于二分类，而 Softmax 回归用于多分类。

本章将会针对常用的回归算法进行讲解，旨在让读者熟悉并掌握重要的几种回归算法。

2.2　线性回归

2.2.1　算法原理

这里以简单线性回归为例来讲解最基础的线性回归算法原理。我们熟悉的一元一次方程 $y=ax+b$，其实就是典型的简单线性回归函数，它表示坐标轴上的一条直线。在机器学习中，我们也常表达为 $y=w_0x_0+w_1x_1$ 的形式，其中可以将 w 看作当前属性 x 的权重，同时 w_0x_0 通常只被看作一个常数 w_0，这样的话就只含有一个特征或者输入变量，这种情形叫作单变量线性回归问题，也叫简单线性回归。

通常针对一个倾向于线性分布的样本空间，可以定义一个假设函数 h，$h=w_0+w_1x$，我们需要用这个假设函数去拟合样本空间。假设函数和样本分布如图 2-1 所示。

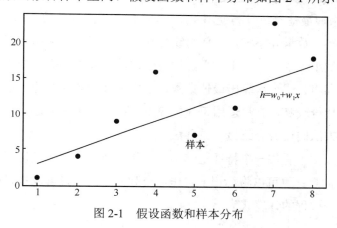

图 2-1　假设函数和样本分布

单特征 x 的假设函数的目标是，寻找最佳的两个参数 w_0 和 w_1，让假设函数最靠近样本分布，图 2-1 中函数方程的参数便是要寻找的最佳截距和斜率。

寻找最佳参数的过程，也就是让假设函数最靠近样本分布的过程。可以将这一过程形象化地描述为最小化假设函数预测值与真实值之间的误差，也就是寻求建模误差最小值。在机器学习中，可以将这种误差定义为代价函数或损失函数。拟合真实样本的过程相当于求解代价函数最小值的过程。

本小节以均方误差作为代价函数，在分母上乘以 2 的作用是在梯度下降求偏导时和平方的 2 抵消。函数可以表示为

$$J(w_0, w_1) = \frac{1}{2m} \sum_{i=1}^{m} \left[h_w(x^i) - y^i \right]^2 \tag{2-1}$$

在式（2-1）中，$J(w_0, w_i)$ 为参数的代价函数，m 为样本数，$h_w(x^i)$ 为预测值，y^i 为真实值。针对该函数，我们可以选择相应的梯度下降策略来寻找代价函数最小值（最优解），在代码上的体现则是选择合适的优化器。

以批量梯度下降的公式为例，我们每次更新参数的计算式为

$$w_j = w_j - \alpha \frac{\partial}{\partial w_j} J(w_0, w_1) \qquad j \in \{0, 1, 2, \cdots, n\} \tag{2-2}$$

其中，n 是参数数量；利用 j 遍历整个参数集合；α 是学习率，决定了代价函数在最陡峭的方向下降的幅度。在批量梯度下降中，我们每一次都同时让所有的参数减去学习率乘以代价函数的导数。

2.2.2 实现及参数

本小节采用两种简单线性回归的实现方法：最小二乘法（正规方程法）、sklearn 库。

1. 使用最小二乘法实现线性回归

一般情况下，求解最佳参数时会使用梯度下降法，但是使用梯度下降法需要定义学习率，设置迭代次数。在样本数量并不大，且使用线性模型时，有一种更加便捷的方法可以代替梯度下降法，那便是最小二乘法。最小二乘法相较于梯度下降法不需要选择学习率，也不用进行多次迭代，而是利用公式一次算出最佳参数，但由于其需要计算特征矩阵的逆矩阵，在样本数量较大时运算代价较高，且只适用于线性模型，所以大多时候还是梯度下降法最适合，此处只是作为拓展方法向读者介绍最小二乘法。

通常可以将输入样本看作一个特征矩阵 X，行代表样本，列代表特征；可以将要求解的参数 w 看作一个列向量；也可以将标记 y 看作一个列向量。此时可以将目标损失函数看作矩阵之间的运算。这一过程的计算式为

$$X = \begin{bmatrix} x_0 & x_1 & x_2 & x_3 & x_4 \\ 1 & 2104 & 5 & 2 & 45 \\ 1 & 1416 & 3 & 2 & 40 \\ 1 & 1534 & 3 & 2 & 30 \\ 1 & 852 & 2 & 1 & 36 \end{bmatrix} \quad w = \begin{bmatrix} w_0 \\ w_1 \\ w_2 \\ w_3 \\ w_4 \end{bmatrix} \quad y = \begin{bmatrix} 460 \\ 232 \\ 315 \\ 178 \end{bmatrix} \tag{2-3}$$

$$\sum_{i=1}^{m} \left[h_w(x^i) - y^i \right]^2 = (y - Xw)^{\mathrm{T}} (y - Xw)$$

注：此处是单独针对 $\sum_{i=1}^{m} \left[h_w(x^i) - y^i \right]^2$ 进行展开讲解，$\frac{1}{2m}$ 作为常量不影响求导后求极值的结果，此处为了方便省略常量。

有了矩阵形式的代价函数后，我们可以令求极值点偏导数为 0 来寻找最优解。求导可得

$$\frac{\partial (\boldsymbol{y} - \boldsymbol{Xw})^{\mathrm{T}}(\boldsymbol{y} - \boldsymbol{Xw})}{\partial \boldsymbol{w}} = 0 \tag{2-4}$$

经过一系列数学变换，可以得到求解 $\boldsymbol{w}$ 的最终公式，这一过程较为复杂，也非本小节介绍重点，故省略。最终的计算式为

$$\boldsymbol{w} = (\boldsymbol{X}^{\mathrm{T}}\boldsymbol{X})^{-1}\boldsymbol{X}^{\mathrm{T}}\boldsymbol{y} \tag{2-5}$$

利用该公式，可以求得最佳参数，代码实现步骤如下。

（1）导入所需库并构造样本数据。使用 rand() 和 randn() 函数来分别生成 0～1 均匀分布的 100 个随机数和 100 个服从标准正态分布的随机数。

```
import numpy as np
import matplotlib.pyplot as plt

plt.figure(dpi=100)
# 构造 x 和 y 样本
x =  2 * np.random.rand(100, 1)
y = 4 + 3 * x + np.random.randn(100, 1)
plt.scatter(x,y)
plt.show()
```

样本分布如图 2-2 所示。

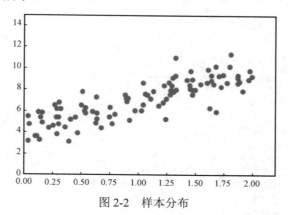

图 2-2　样本分布

（2）按照公式计算最佳参数 $\boldsymbol{w}$。使用 NumPy 的线性代数模块（np.linalg）中的 inv() 函数来对矩阵求逆，并用 dot() 方法计算矩阵的内积。

```
# 将 x0 = 1 作为偏置项和 x 进行拼接
X = np.concatenate((np.ones((100, 1)), x),axis=1)
w_best = np.linalg.inv(X.T.dot(X)).dot(X.T).dot(y)

# 利用两个点连线来绘制函数的图像
X_new = np.array([[0.0],[2.0]])
X_new_bias = np.concatenate((np.ones((2, 1)), X_new),axis=1)
y_predict = X_new_bias.dot(w_best)
```

```
# 绘制样本点和拟合函数的图像
plt.plot(X_new, y_predict, "r")
plt.plot(x, y, "b.")
plt.axis([0, 2, 0, 15])
plt.show()
```

将拟合结果以线性函数的形式呈现在图中，如图 2-3 所示。

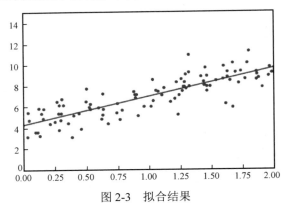

图 2-3　拟合结果

（3）预测非样本点。有了结果参数后，我们便可以对一些样本之外的点进行预测，例如对 $x = 2.1$ 和 $x = 2.2$ 的点进行预测，代码如下。

```
# 预测两个点
X_new = np.array([[2.1],[2.2]])
X_new_bias = np.concatenate((np.ones((2, 1)), X_new),axis=1)
y_predict = X_new_bias.dot(w_best)

# 绘制图像
plt.plot(X_new, y_predict, "r.")
plt.plot(x, y, "b.")
plt.axis([0, 2.3, 0, 15])
plt.show()
```

预测未知点的结果如图 2-4 所示。

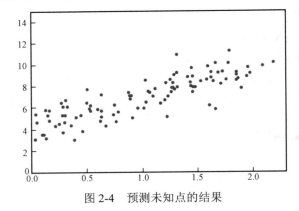

图 2-4　预测未知点的结果

2. 使用 sklearn 库实现线性回归

除了手动求解，我们可以直接使用 sklearn 库中 linear_model 的 LinearRegression() 函数来实现线性回归。该类一共有以下 4 个参数。

① fit_intercept：布尔型，默认为 True，决定是否对训练数据进行中心化。

② normalize：布尔型，默认为 False，决定是否对数据进行归一化处理。

③ copy_x：布尔型，默认为 True，决定是否复制 x（输入模型的训练数据）。如果选择 False，则直接对原数据进行覆盖；如果选择 True，则复制 x。

④ n_jobs：整型，默认为 1，决定计算时设置的任务个数。如果选择–1 则代表使用所有的 CPU。

具体的代码实现步骤如下。

（1）导入库并且建立模型进行训练。

```
from sklearn.linear_model import LinearRegression

# 建立模型，本案例较简单，直接使用所有参数的默认值
model = LinearRegression()
model.fit(x, y)
```

（2）绘制预测结果。可以看到，预测的结果和使用最小二乘法没有什么区别。结果输出的 model.intercept_ 和 model.coef_，分别为拟合函数的截距和斜率，也就是所谓的 w_0 和 w_1。

```
# 对预测结果进行打分，同时输出结果参数
r_sq = model.score(x, y)
y_pred = model.predict([[0.0],[2.0]])
print('coefficient of determination:', r_sq)
print('intercept:', model.intercept_)
print('slope:', model.coef_)

# 绘图
plt.plot([[0.0],[2.0]], y_pred, "r-")
plt.plot(x, y, "b.")
plt.axis([0, 2, 0, 15])
plt.show()
```

输出结果如下。

```
coefficient of determination: 0.721736031623823
intercept: [3.84959067]
slope: [[2.94818544]]
```

LinearRegression()类的预测结果如图 2-5 所示。

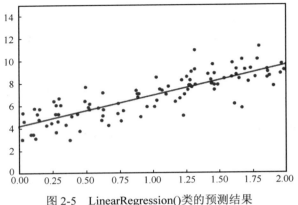

图 2-5　LinearRegression()类的预测结果

2.3　多元线性回归

2.3.1　算法原理

前文介绍了简单线性回归，其只针对一个属性进行回归，而现实情境中变量与变量之间的关系往往不是简单的一对一关系，我们需要研究一个因变量和多个自变量之间的关系，所以通常是针对多个属性特征进行回归拟合，这时就用到了多元线性回归。

此处大家需要区分多元线性回归与多项式回归。多元线性回归是指计算式可以有多个特征，但每个特征都为一次方，而多项式回归是指每个特征可以有多项，而且每项可以为多次方，所以多项式回归也是线性回归的一种。

针对多元线性回归，我们假设 y 为因变量，其受到 $x_1, x_2, \cdots, x_m$ 这 m 个自变量的影响，它们之间的关系可以被表示为一个线性回归方程。

$$h = w_0 + w_1 x_1 + w_2 x_2 + \cdots + w_m x_m \qquad (2\text{-}6)$$

其中，w_0 为常数。

我们同样可以为多项式回归配置一个多项式方程，由于多项式方程比较复杂，这里用一元 m 次多项式举例。其方程为

$$h = w_0 + w_1 x + w_2 x^2 + \cdots + w_m x^m \qquad (2\text{-}7)$$

因为多项式变量之间并不是直线关系，而是曲线关系，所以需要通过变量变换的方法，采用多元线性函数的回归方法解决多项式回归问题。一元 m 次多项式回归，令 $x = x_1$，$x^2 = x_2, \cdots$，$x^m = x_m$，则可将其转化为 m 元线性回归方程。

$$h = w_0 + w_1x_1 + w_2x_2 + \cdots + w_mx_m \tag{2-8}$$

多项式回归最大的优点是可以通过增加 x 的高次项来拟合曲线，以此处理一类非线性问题。因此多项式回归在回归分析中具有重要的地位。

多元线性回归，我们依然以均方误差作为代价函数，使用梯度下降的方法来寻求最优解。其目标代价函数为

$$J(w_0, w_1, \cdots, w_n) = \frac{1}{2m}\sum_{i=1}^{m}\left[h_w(x^i) - y^i\right]^2 \tag{2-9}$$

与单变量线性回归问题一样，我们的目标是找出使代价函数最小的一系列参数。以批量梯度下降的公式为例，每次更新参数的计算式为

$$w_j = w_j - \alpha\frac{1}{2m}\frac{\partial}{\partial w_j}\sum_{i=1}^{m}\left[h_w(x^i) - y^i\right]^2 \qquad j \in \{0,1,2,\cdots,n\} \tag{2-10}$$

2.3.2　实现及参数

本小节将介绍两种多元线性回归实现方法：使用 LinearRegression() 函数实现多元线性回归，使用 TensorFlow 2.3 的低阶 API（应用程序接口）手动实现线性回归。为了便于举例，这里使用二元线性回归来进行代码实现，具体的步骤如下。

1. 使用 LinearRegression() 函数实现多元线性回归

（1）导入库并构造样本数据。此处我们手动设计 8 个样本，样本只有两个特征属性，便于在三维空间展示，进行二元线性回归。想要绘制三维图像，需要导入 mpl_toolkits.mplot3d 中的 Axes3D。

```
from sklearn.linear_model import LinearRegression
from mpl_toolkits.mplot3d import Axes3D
import numpy as np
import matplotlib.pyplot as plt

x = [[0, 1], [5, 1], [15, 2], [25, 5], [35, 11], [45, 15], [55, 34], [60, 35]]
y = [4, 5, 20, 14, 32, 22, 38, 43]

x, y = np.array(x), np.array(y)
fig=plt.figure(figsize=(10,8),dpi=80)
ax=fig.add_subplot(111,projection='3d')
ax.scatter(x[:,0],x[:,1],y,c='r',marker='o',s=100)
plt.show()
```

三维空间样本分布如图 2-6 所示。

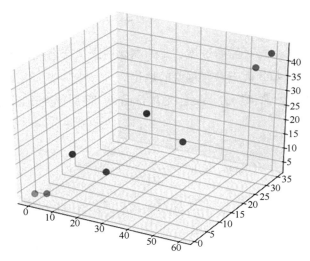

图 2-6　三维空间样本分布

（2）构建模型，进行训练和预测。这里和简单线性回归一样，训练并预测后依然输出模型结果的数值和各参数。从结果中，我们可以看到 slope 有两个元素，对应假设函数中的 w_1 和 w_2 两个参数。

```
# 构建模型并训练、评分、预测
multi_model = LinearRegression().fit(x, y)
r_sq = multi_model.score(x, y)
y_pred = multi_model.predict(x)

# 输出模型结果
print('coefficient of determination:', r_sq)
print('intercept:', multi_model.intercept_)
print('slope:', multi_model.coef_)
print('predicted response:', y_pred, sep='\n')
```

控制台的输出结果如下。

```
coefficient of determination: 0.8615939258756776
intercept: 5.52257927519819
slope: [0.44706965 0.25502548]
predicted response:
[ 5.77760476  8.012953   12.73867497 17.9744479  23.97529728 29.4660957
 38.78227633 41.27265006]
```

（3）绘图展示拟合函数结果。这里使用 plot_surface()函数来展示三维空间中拟合的超平面。同时为了能够反映三维的坐标，我们使用 np.meshgrid()函数将特征转换为网格坐标。绘图结果如图 2-7 所示。

```
# 转化网格坐标
x1,x2=np.meshgrid(x[:,0],x[:,1])
fig=plt.figure(figsize=(10,8),dpi=80)
```

```
# 绘图
ax=fig.add_subplot(111,projection='3d')
ax.plot_surface(np.array(x1),np.array(x2),np.array([y_pred]),alpha=0.7)
ax.scatter(x[:,0],x[:,1],y,c='r',marker='o',s=100)
plt.show()
```

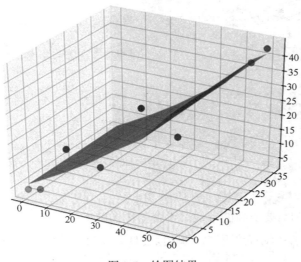

图 2-7　绘图结果

2. 使用 TensorFlow 2.3 的低阶 API 手动实现线性回归

以下代码将使用 TensorFlow 2.3 的低阶 API 手动进行梯度下降，实现线性回归，为大家展示如何使用深度学习框架来实现模型的拟合过程。

（1）导入库并构造样本数据。此处使用 tf.random.normal()函数生成 100 个标准正态分布的随机数，用 w_real 代表参数 w_1 和 w_2，b_real 代表偏置项 w_0。按照二元一次方程计算样本标记 y。

```
import numpy as np
import tensorflow as tf
import matplotlib.pyplot as plt

# 产生模拟数据
num_samples = 100
num_dim = 2
w_real = [2, -3.4]
b_real = 4.2
x = tf.random.normal((num_samples, num_dim), stddev=1)
y = x[:,0]*w_real[0] + x[:,1]*w_real[1] + b_real
```

（2）初始化各项参数。初始化参数 w，偏置项 b，初始化损失（loss）值和预估值 y_train。最后将这些值输出。

```
# 初始化各项参数
W0 = tf.Variable(tf.random.uniform([1], -1.0, 1.0), name='W0')
W1 = tf.Variable(tf.random.uniform([1], -1.0, 1.0), name='W1')
b = tf.Variable(tf.zeros([1]), name='b')
y_train = W0 * x[:,0] + W1 * x[:,1] + b
y_train.shape
loss = tf.reduce_mean(tf.square(y_train - y), name='loss')
# 展示初始化的 W 和 b 值
print("W0 =", W0, "W1 =", W1, "b =", b, "loss =", loss)
```

输出结果如下。

```
W0 = <tf.Variable 'W0:0' shape=(1,) dtype=float32,    \
numpy=array([0.8508866], dtype=float32)>
W1 = <tf.Variable 'W1:0'      \
shape=(1,) dtype=float32, numpy=array([-0.90410924], dtype=float32)>
b = <tf.Variable 'b:0' shape=(1,) dtype=float32, numpy=array([0.],
dtype=float32)>
loss = tf.Tensor(25.17955, shape=(), dtype=float32)
```

（3）设置优化器和需要更新的参数。设置随机梯度下降的优化策略，需要梯度更新的参数矩阵 v，在循环中进行手动梯度下降，每 20 轮打印一次 loss 值，方便观察梯度下降是否有效。

```
optimizer = tf.keras.optimizers.SGD()
v = [W0,W1,b]
print(v)
# 进行梯度下降，训练 120 轮，每 20 轮打印一次信息
for i in range(6):
    for e in range(20):
        with tf.GradientTape() as tape:
            y_train = W0 * x[:,0] + W1 * x[:,1] + b
            loss = tf.reduce_mean(tf.square(y_train - y),name='loss')
        grads = tape.gradient(loss,v)
        optimizer.apply_gradients(grads_and_vars=zip(grads,v))
    print("loss =", loss)
    plt.show()
print(W0,W1,b)
```

每一次 loss 值的打印结果如下。

```
loss = tf.Tensor(9.0114565, shape=(), dtype=float32)
loss = tf.Tensor(2.3699727, shape=(), dtype=float32)
loss = tf.Tensor(0.63300014, shape=(), dtype=float32)
loss = tf.Tensor(0.17250778, shape=(), dtype=float32)
loss = tf.Tensor(0.048260607, shape=(), dtype=float32)
loss = tf.Tensor(0.013962896, shape=(), dtype=float32)
```

从 loss 值的下降结果可以看出，梯度下降是有效的。同时代码最后一行打印了最终得到的参数结果，将这 3 个参数结果和我们预先设置好的参数 w_real 和 b_real 进行对比，可以看

出最后的拟合结果非常接近真实值。

```
<tf.Variable 'W0:0' shape=(1,) dtype=float32, numpy=array([1.8787273], dtype=float32)>
<tf.Variable 'W1:0' shape=(1,) dtype=float32, numpy=array([-3.2682805], dtype=float32)>
<tf.Variable 'b:0' shape=(1,) dtype=float32, numpy=array([4.0131965], dtype=float32)>
```

2.4　正则化回归分析

应对线性回归问题的过程，实际上就是训练最佳假设函数 $h(\theta) = w^T x$ 的过程。这个等式可以通过之前提到的最小二乘法来计算，即 $w = (x^T x)^{-1} x^T y$。但是最小二乘法需要计算矩阵的逆，有很多限制，例如矩阵不可逆，或者矩阵中有多重共线性的情况，会导致计算矩阵的逆时行列式接近 0。此外，最小二乘法对数据很敏感，在训练模型时有可能出现过拟合，导致模型泛化效果很差，出现低偏差、高方差的情况。

有两种常见的解决过拟合问题的方法：进行特征工程，尽量选取少的属性变量；采用正则化。本节将解释什么是过拟合问题，并且讨论正则化技术（它可以减少或者解决过拟合问题）。

2.4.1　过拟合与正则化

如果数据集中有很多特征，则通过学习得到的假设也许能够非常好地适应训练集（代价函数可能几乎为 0），但是不能被推广到新的数据，也就是泛化性很差。

用 3 种线性回归模型预测房间面积和价格的关系来举例，如图 2-8 所示。左边第一个模型是一个简单线性模型，作为一条直线，并不能很好地拟合呈现对数形式分布的样本点，于是出现了欠拟合，不能很好地适应训练集。最右边的模型是一个四次方的模型，拟合了每一个样本点，但由于过于强调拟合原始数据，丢失了算法的本质——预测新数据。我们可以看出，若使用最右边的模型对一个新的值进行预测，它将表现得很差，这便是过拟合，虽然能非常好地适应训练集，但对新输入变量进行预测时可能效果并不好。中间的模型，我们以二次项的形式去拟合，描绘了类似对数形式的分布，似乎最适合当前场景。

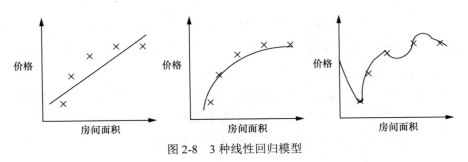

图 2-8　3 种线性回归模型

同样，图 2-9 所示的分类中也存在这样的问题。图中以 x_1 为横坐标，x_2 为纵坐标，展示了欠拟合、最优拟合与过拟合 3 种情况。从多项式的规律看，x 的次数越高，拟合得越好，但相应的预测能力就可能越差。那么如何解决过拟合问题呢？

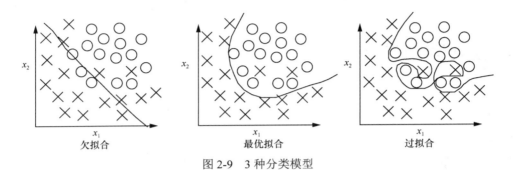

图 2-9　3 种分类模型

总体而言，过拟合的模型泛化性能会下降，所以我们希望找到一个既简单又合适的模型。简单来说就是曲线更平滑、参数更少的模型。一般情况下有以下两种做法。

（1）丢弃一些不能帮助我们正确预测的特征。可以手动选择保留哪些特征，也就是开展特征工程，或者使用一些模型选择算法来帮忙，例如使用主成分分析法（PCA）降维。

（2）采用正则化。通过加入正则惩罚项的方式，保留所有特征的同时，减少参数的值。有了正则化这一约束方式，模型拥有的自由度越低，就越不容易过拟合数据。例如，将多项式模型正则化的简单方法就是降低多项式的阶数。正则化一般分为 L1 正则化和 L2 正则化。

本节主要讲解正则化在回归问题上的运用。对线性模型来说，正则化通常通过约束模型的权重来实现。接下来我们使用岭回归、套索回归及弹性网络回归这 3 种不同的实现方法对权重进行约束。

2.4.2　岭回归

岭回归是线性回归的正则化版，其使用 L2 正则化，也就是在代价函数中添加一个等于 $\alpha \sum_{i=1}^{n} w_i^2$ 的正则化惩罚项。从概率分布的角度来看，就是为模型添加一个先验知识，权重参数 w 服从零均值高斯分布。

加入 L2 正则化，不仅需要使学习中的算法拟合数据，还需要让模型权重保持最小。注意，只能在训练时将正则项添加到代价函数中，一旦训练完成，则需要使用未经正则化的性能指标来评估模型性能。

这里需要注意，训练阶段使用的代价函数与测试时使用的代价函数不同是很常见的现象。出现这种现象的原因，除正则化以外，还有训练时的代价函数通常都可以使用优化过的目标函数，而测试用的性能指标需要尽可能接近最终目标。

超参数 α 控制的是对模型进行正则化的程度。如果 $\alpha=0$，则岭回归就是线性模型；如果 α 非常大，那么所有的权重都将非常接近于零，结果是一条穿过数据平均值的水平线。L2 正则化后的代价函数形式为

$$J(w) = J(w) + \alpha \sum_{i=1}^{n} w_i^2 \qquad (2\text{-}11)$$

注意，这里偏置项 w_0 没有正则化（求和从 $i=1$ 开始，而不是从 $i=0$ 开始）。

下面的代码是使用 sklearn 库来进行岭回归的一个简单应用。在这个应用中，我们探索了标准线性回归与岭回归在面对噪声时的拟合结果差异。图 2-10 展现了标准线性回归和岭回归的效果。

```python
import numpy as np
import matplotlib.pyplot as plt
from sklearn import linear_model


X_train = np.c_[.5, 1].T
y_train = [.5, 1]
X_test = np.c_[0, 2].T

np.random.seed(0)

classifiers = dict(LinearRegression=linear_model.LinearRegression(),
                   RidgeRegression=linear_model.Ridge(alpha=.1))

for name, clf in classifiers.items():
    fig, ax = plt.subplots(figsize=(6, 4),dpi=100)

    for _ in range(6):
        this_X = .1 * np.random.normal(size=(2, 1)) + X_train
        clf.fit(this_X, y_train)

        ax.plot(X_test, clf.predict(X_test), color='gray')
        ax.scatter(this_X, y_train, s=3, c='black',
                   marker='o', zorder=10)

    clf.fit(X_train, y_train)
    ax.plot(X_test, clf.predict(X_test), linewidth=2, color='blue')
    ax.scatter(X_train, y_train, s=30, c='red', marker='+', zorder=10)

    ax.set_title(name)
    ax.set_xlim(0, 2)
    ax.set_ylim((0, 1.6))
    ax.set_xlabel('X')
```

```
    ax.set_ylabel('y')

    fig.tight_layout()

plt.show()
```

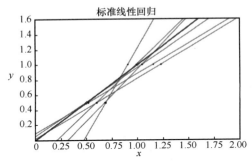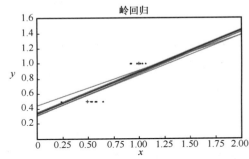

图 2-10　标准线性回归和岭回归的效果

从图 2-10 可以看到，在标准线性回归中，线性回归所使用的直线尽可能地跟随每个维度中的所有点，观测数据上的噪声将导致巨大差异。由于观测中产生的噪声，每条线的斜率对每个预测值都会有很大的影响。

而岭回归基本上是最小二乘函数的惩罚版本。惩罚削减了回归系数的值。与标准线性回归相比，尽管每个维度的数据点较少，但预测的斜率要稳定得多，大大减小了直线本身的方差。

2.4.3　套索回归

掌握了岭回归，读者就能够轻松理解套索回归。套索回归是线性回归的一种正则化形式，其也可被称为最小绝对收缩和选择算子回归（简称为套索回归）。与岭回归一样，它也向代价函数增加一个正则惩罚项 $\lambda\sum_{i=1}^{n}|w_i|$，但是它增加的是权重向量的 L1 范数。

从概率分布的角度来讲，套索回归就是为代价函数添加了一个先验知识，模型权重参数 w 服从零均值拉普拉斯分布。对模型权重系数 w 的求解是通过最小化目标函数实现的，目标代价函数为

$$J(w) = J(w) + \lambda\sum_{i=1}^{n}|w_i| \tag{2-12}$$

需注意，L1 正则化除了和 L2 正则化一样可以约束数量级，L1 正则化还能起到使参数更加稀疏的作用，在稀疏化作用下，优化后的参数一部分为零，另一部分为非零实值。也就是说，套索回归的 L1 正则化倾向于完全消除最不重要特征的权重（将它们设置为零）。非零实值的那部分参数可起到选择重要参数或特征维度的作用，同时可起到去除噪声的作用。

L1 正则化相比于 L2 正则化，有所不同，具体如下。

（1）L1 正则化旨在减少常量的影响，L2 正则化则致力于减少权重的分配比例。

（2）模型的权重参数 w 的大小决定了 L1 正则化和 L2 正则化的速度。当权重较大时，L2 正则化的速度更快；而当权重较小时，L1 正则化的速度更快。

（3）L1 正则化导致权重变得稀疏，倾向于产生少量特征，其他特征值为零；而 L2 正则化则使权重变得平滑，从而选择更多特征，这些特征的值都接近于零。

（4）实践中 L2 正则化通常优于 L1 正则化。

2.4.4　弹性网络回归

有了 L1 正则化和 L2 正则化后，我们便会考虑是否可以将两者结合使用。L1 正则化和 L2 正则化的联合形式被称为"Elastic 网络正则"，在回归问题上被叫作弹性网络回归。

弹性网络回归位于岭回归与套索回归之间。其正则化项就是岭回归和套索回归的正则项的混合，混合比例通过 $l1\_ratio$ 来控制。当 $l1\_ratio=0$ 时，弹性网络回归等同于岭回归；而当 $l1\_ratio=1$ 时，弹性网络回归相当于套索回归。对于 $0<l1\_ratio<1$ 的情况，惩罚是 L1 正则化和 L2 正则化的组合。弹性网络回归代价函数为

$$J(w) = J(w) + l1\_ratio \cdot \alpha \sum_{i=1}^{n} |w_i| + \frac{1 - l1\_ratio}{2} \alpha \sum_{i=1}^{n} w_i^2 \qquad (2\text{-}13)$$

那么到底如何选用线性回归、岭回归、套索回归和弹性网络回归呢？通常来说，有正则化总是比没有好一些。所以大多数情况下，应该避免使用纯线性回归。如果实际使用的特征只有少数几个，那么岭回归可能不是最佳选择。在这种情况下，应该考虑使用套索回归或弹性网络回归，因为它们可以将无用特征的权重降为零。一般来说，弹性网络回归优于套索回归，因为在特征数量超过训练实例数量或者多个特征之间存在强相关性时，套索回归的表现可能会变得非常不稳定。

针对本章介绍的 3 种正则化回归方法，我们运用波士顿房价数据集进行集中案例演示。代码如下。

```
# 导入波士顿房价数据集
from sklearn.datasets import load_boston
# 导入数据集分割、数据标准化、均方误差（MSE）和R^2
from sklearn.model_selection import train_test_split
from sklearn.preprocessing import StandardScaler
from sklearn.metrics import mean_squared_error
from sklearn.metrics import r2_score

Boston_Price = load_boston()
# 将数据集分割为训练集和测试集
x_train,x_test,y_train,y_test = train_test_split(Boston_Price.data, Boston_Price.target,
test_size = 0.2)
```

```python
# 对数据进行标准化处理，消除量纲对结果的影响
std_x = StandardScaler()
x_train = std_x.fit_transform(x_train)
x_test = std_x.transform(x_test)
std_y = StandardScaler()
y_train = std_y.fit_transform(y_train.reshape(-1,1))
y_test = std_y.fit_transform(y_test.reshape(-1,1))


# 使用岭回归进行预测
# from sklearn.linear_model import Ridge
from sklearn.linear_model import RidgeCV
# RidgeCV 可以自动选择 alpha
# rd = Ridge(alpha=1.0)
rd = RidgeCV()
rd.fit(x_train,y_train)
y_rd_predict = rd.predict(x_test)
y_rd_predict = std_y.inverse_transform(y_rd_predict)


# 使用套索回归进行预测
from sklearn.linear_model import LassoCV
# from sklearn.linear_model import Lasso
# 套索回归能自动选择 alpha 值
ls = LassoCV()
ls.fit(x_train,y_train)
y_ls_predict = ls.predict(x_test)
y_ls_predict = std_y.inverse_transform(y_ls_predict)


# 沿着两种正则化路径进行迭代拟合的弹性网络模型
from sklearn.linear_model import ElasticNetCV
en = ElasticNetCV(cv=5,random_state=0)
en.fit(x_train,y_train)
y_en_predict = en.predict(x_test)
y_en_predict = std_y.inverse_transform(y_en_predict)


print("岭回归的 MSE：     \
",mean_squared_error(std_y.inverse_transform(y_test),y_rd_predict))
print("岭回归的 R^2：     \
",r2_score(std_y.inverse_transform(y_test),y_rd_predict))
print("套索回归的 MSE：     \
",mean_squared_error(std_y.inverse_transform(y_test),y_ls_predict))
print("套索回归的 R^2：     \
",r2_score(std_y.inverse_transform(y_test),y_ls_predict))
print("弹性网络回归的 MSE：     \
",mean_squared_error(std_y.inverse_transform(y_test),y_en_predict))
print("弹性网络回归的 R^2：     \
",r2_score(std_y.inverse_transform(y_test),y_en_predict))
```

最终输出结果如下。可以看到，在波士顿房价数据集上，3 种正则化回归方法性能相当，但岭回归略弱于另外两种正则化回归方法，弹性网络回归的效果相对最佳。

```
岭回归的 MSE:    29.44206763105138
岭回归的 R^2:    0.7142192844864255
套索回归的 MSE:   29.25768317804412
套索回归的 R^2:   0.7160090202335991
弹性网络回归的 MSE:  29.14629194066554
弹性网络回归的 R^2:  0.7170902441448714
```

2.5　贝叶斯模型

贝叶斯模型的应用范围十分广泛，在大数据、机器学习、数据挖掘、数据分析等领域中几乎都能够找到贝叶斯模型的影子，其主要用于解决先验概率、分类实时预测和推荐系统等问题。

2.5.1　贝叶斯方法

要想深入理解贝叶斯方法，我们需要先了解下面的知识。

1. 先验概率与后验概率

（1）先验概率。通俗地讲，先验概率是统计得到的，或者是自身依据经验给出的一个概率值，例如下雨和穿凉鞋之间，设下雨为事件 A，穿凉鞋为事件 B，$P(A)$ 和 $P(B)$ 分别是下雨和穿凉鞋的先验概率。在由 A 求 B 的情境下，$P(A)$ 也可以叫作边缘概率。

（2）后验概率。后验概率是贝叶斯定理的最终分析结果，反映在给定观测数据的基础上，人们对于参数的新认知。更直白地说，就是没有观测数据时，依据以往的经验赋予待求参数一个先验分布，具备了实际的观测数据之后，就对先验进行更新，得到后验概率。例如在已知下雨的数据基础上，想要判断穿凉鞋的概率，B 的后验概率可以写成 $P(B|A)$。

2. 联合概率

联合概率表示两个事件共同发生的概率。A 与 B 的联合概率表示为 $P(AB)$。

3. 条件概率

在某个事件发生的条件下，另一个事件发生的概率就是条件概率，其计算式为

$$P(B|A) = \frac{P(AB)}{P(A)} \tag{2-14}$$

4. 全概率

在实际生活中，某个事件的发生对应的条件或结果一定是复杂的，不是单纯的一因一果。例

如下雨天，你可能穿凉鞋，可能穿运动鞋，也可能穿拖鞋，甚至会发生极小的概率事件——光脚。将这些可能的结果用 B_i 表示，则可以得到事件 A 的全概率公式。

$$P(A) = \sum_{i=1}^{n} P(B_i)P(A \mid B_i) \tag{2-15}$$

5．贝叶斯定理

有了以上内容，我们便可以结合条件概率公式和全概率公式来推导出贝叶斯公式，它提供了一种由先验、似然性、全概率来求解后验概率的思想，贝叶斯公式为

$$P(B_i|A) = \frac{P(B_i)P(A|B_i)}{\sum_{j=1}^{n} P(B_j)P(A \mid B_j)} \tag{2-16}$$

从上面的贝叶斯公式可以看到，$P(B_i)$ 为先验概率，即在 A 事件发生之前，对 B 事件概率的判断。$P(B_i|A)$ 叫作后验概率，即在 A 事件发生之后，我们对 B 事件概率的重新评估。$P(A|B_i)$ 叫作似然函数，用于求在已知 B 结果下 A 的概率。

有了贝叶斯公式，我们便可以解决很多现实情境下的问题。在实际运用中，贝叶斯方法通常被应用于分类任务，其中一个著名的算法叫作朴素贝叶斯算法。朴素贝叶斯算法在贝叶斯公式的基础上，对条件概率分布进行条件独立性假设。条件独立性假设为

$$P\left(X = x_i \mid \theta_k\right) = P\left(x_1, x_2, \cdots, x_i, \cdots, x_n \mid \theta_k\right) = \prod_{i=1}^{n} P\left(x_i \mid \theta_k\right) \tag{2-17}$$

最终朴素贝叶斯分类器可以被表示为

$$y = f(x) = \operatorname*{argmax}_{\theta_k} \frac{P(\theta_k)\prod_{i=1}^{n} P(x_i \mid \theta_k)}{\sum_{k=1}^{m} \left[P(\theta_k)\prod_{j=1}^{n} P(x_i \mid \theta_k) \right]} \quad k = 1, 2, \cdots, m \tag{2-18}$$

由于输入 x 对不同类别的后验概率分母没影响（即分母都相同），所以可以将式（2-18）简化为只对分子求最大值，得出

$$y = \operatorname*{argmax}_{\theta_k} P(\theta_k)\prod_{i=1}^{n} P(x_i \mid \theta_k) \tag{2-19}$$

贝叶斯方法除了在分类问题上大放光彩，在回归问题上也同样可以发挥作用。

2.5.2　贝叶斯回归

机器学习任务可以被分为两类：一类是样本的特征向量 $\boldsymbol{x}$ 和标签 $\boldsymbol{y}$ 之间存在未知的函数关系 $y=h(\boldsymbol{x})$，另一类是条件概率 $P(\boldsymbol{y}|\boldsymbol{x})$ 服从某个未知分布。前文介绍的最小二乘法属于第一

类，它直接对 x 和标签 y 之间的函数关系建模。然而，线性回归还可以从建模条件概率的角度来进行参数估计。

在利用概率来估计参数方面，频率学派和贝叶斯学派存在区别，由此诞生了两种估计方式，分别为最大似然估计（MLE）和最大后验概率（MAP）估计。前者为频率学派常用方法，后者为贝叶斯学派常用方法。频率学派习惯将估计的目标看作未知常数，从而进行点估计，将估计问题转化为最优化问题。而贝叶斯学派将目标看作一个随机变量，从而计算出它的后验分布。本小节重点讲解贝叶斯学派的贝叶斯线性回归（BLR）。

下面先建立相应的线性回归方程假设。

假设 y 由函数 $f(x, w)=w^T x$ 加上一个随机噪声 ϵ 决定，即

$$y = f(x, w) + \epsilon = w^T x + \epsilon \quad \epsilon \sim N(0, \sigma^2) \tag{2-20}$$

其中，x 为样本数据，w 为待估计参数，ϵ 服从均值为 0、方差为 σ^2 的高斯分布。这样，y 则服从均值为 $w^T x$、方差为 σ^2 的高斯分布。

$$P(y|x, w, \sigma) = N\left(y|w^T x, \sigma^2\right) = \frac{1}{\sqrt{2\pi}\sigma} \exp\left(-\frac{(y - w^T x)^2}{2\sigma^2}\right) \tag{2-21}$$

1. 最大似然估计

频率学派的观点是，将估计问题转化为最优化问题，并对参数值进行点估计。

$$w_{\text{MLE}} = \text{argmax}_w P(D|w) = \text{argmax}_w P(y \mid x, w, \sigma) \tag{2-22}$$

因为 $x = [x_1, x_1, \cdots, x_n]$ 为由所有样本特征向量组成的矩阵，$y = [y_1, y_2, \cdots, y_n]^T$ 为由所有样本标记组成的向量，式（2-22）可转化成

$$\text{argmax}_w \prod_{i=1}^{n} P(y_i \mid x_i, w, \sigma) = \text{argmax}_w \prod_{i=1}^{n} N(y_i \mid w^T x_i, \sigma^2) \tag{2-23}$$

式（2-23）的含义是求解参数 w 在训练集 D 上似然函数的最大值。为了方便计算，如果对似然函数取对数得到对数似然函数，如果取负数则为负对数似然函数。此时我们的问题就转化为了求解对数似然函数 $\log P(y \mid x, w, \sigma)$ 的最大值。于是令偏导数为 0

$$\frac{\partial \log P(y \mid x, w, \sigma)}{\partial w} = 0 \tag{2-24}$$

得到 $w_{\text{MLE}} = (xx^T)^{-1}xy$，可以看到最大似然估计的解和最小二乘法相同。

2. 最大后验概率估计

贝叶斯线性回归模型是沿用贝叶斯学派的思路进行分析的。最大似然估计的一个缺点是训练数据比较少时会发生过拟合，估计的参数可能不准确。为了避免出现过拟合，我们可以给参数加上一些先验知识，如 $P(w)$。

根据贝叶斯定理，w 后验概率可以由先验概率和似然概率共同求出。

$$P(w|D) = P(w|x, y) = \frac{P(w, y | x)}{P(y | x)} = \frac{P(y | x, w)P(w | x)}{\int P(y | x, w)P(w | x)\mathrm{d}w} \tag{2-25}$$

其中，x 为 D 样本特征，y 为样本标记。

由于先验概率 w 与训练集 D 独立，式（2-25）可写为

$$P(w|D) = \frac{P(y | x, w)P(w)}{\int P(y | x, w)P(w)\mathrm{d}w} \propto P(y | x, w)P(w) \tag{2-26}$$

在式（2-26）中，$P(y | x, w)$ 为似然概率，$P(w)$ 为先验概率。同时，由式（2-21）知道 $P(y|x, w) = N(y | w^{\mathrm{T}}x, \sigma^2)$（$\sigma$ 为随机干扰，由于等号左侧重点在于 x、y、w 的关系，故忽略 σ；等号右侧是对公式的具体展开，故显示 σ），于是进一步可以得出

$$P(y|x, w) = \prod_{i=1}^{n} P(y_i | x_i, w) = \prod_{i=1}^{n} N(y_i | w^{\mathrm{T}}x_i, \sigma^2) \tag{2-27}$$

此外，为了方便起见，设先验概率 $P(w) = N\left(0, \sum_p\right)$。根据高斯分布的共轭性质，$P(w|D)$ 也服从高斯分布，记为 $P(w) = N\left(\mu_w, \sum_w\right)$。

于是，$P(w|D) \propto P(y | x, w)P(w)$ 可以写为 $N\left(\mu_w, \sum_w\right) \propto \prod_{i=1}^{n} N(y_i | w^{\mathrm{T}}x_i, \sigma^2)N\left(0, \sum_p\right)$，最终通过这个正比关系的式子，我们可以求出 μ_w 和 $\sum_w$ 的值，两者的计算结果为

$$\begin{cases} \mu_w = \sigma^{-2}A^{-1}x^{\mathrm{T}}y \\ \sum_w = A^{-1} \\ A^{-1} = \sigma^{-2}x^{\mathrm{T}}x + \sum_p^{-1} \end{cases} \tag{2-28}$$

由此，便计算出了 $P(w|D)$ 的分布。这种估计参数 w 的后验概率分布的方法叫作贝叶斯估计，其为一种统计推断方法。采用贝叶斯估计的线性回归也叫作贝叶斯线性回归。

最大似然估计和贝叶斯估计可以分别被看作频率派和贝叶斯学派对需要估计的参数 w 的不同解释。当 $v \rightarrow \infty$ 时，先验分布 $P(w)$ 退化为均匀分布，称为无信息先验分布，最大后验概率估计退化为最大似然估计。

从上面的推导中，我们已经了解了 $P(w|D) \propto P(y | x, w)P(w)$ 这一特性，可以表达为 $P(w|D) \propto P(D | w)P(w)$，于是要求 $w_{\mathrm{MAP}} = \mathrm{argmax}_w P(D | w)P(w)$。其中提供的先验 $P(w)$ 如果服从高斯分布（例如 $N\left(\mu_w, \sum_w\right)$），则相当于正则化最小二乘法中的岭回归；如果服从拉普拉斯分布，则相当于正则化最小二乘法中的套索回归。本小节针对高斯分布来进行讲解。

为什么说 $P(\boldsymbol{w})$ 如果服从高斯分布，此时回归就相当于岭回归呢？

服从高斯分布的先验 $P(\boldsymbol{w})$ 可以写为

$$P(\boldsymbol{w}) = \text{constant} \times \text{e}^{-\frac{w^2}{2\sigma^2}} \qquad (2\text{-}29)$$

转化为对数形式

$$-\log P(\boldsymbol{w}) = \text{constant} + \frac{w^2}{2\sigma^2} \qquad (2\text{-}30)$$

至此，你会发现，在最大后验概率估计中使用一个高斯分布的先验等价于在最大似然估计中采用 L2 正则化，也就是最大后验概率估计退化为了最大似然估计。

在 sklearn 库中集成的是岭回归形式的贝叶斯回归方法，原型声明如下。

```
class sklearn.linear_model.BayesianRidge(
*, n_iter=300, tol=0.001,
alpha_1=1e-06, alpha_2=1e-06, lambda_1=1e-06, lambda_2=1e-06,
alpha_init=None, lambda_init=None, compute_score=False,
fit_intercept=True, normalize=False, copy_X=True, verbose=False
)
```

主要参数解释如下。

```
n_iter: int, default=300          # 最大迭代次数，应大于或等于 1
tol: float, default=1e-3          # 如果 w 已收敛，则停止算法
alpha_1: float, default=1e-6      # 高于 alpha 参数的 Gamma 分布的形状参数
alpha_2: float, default=1e-6      # 优先于 alpha 参数的 Gamma 分布的反比例参数（速率参数）
lambda_1: float, default=1e-6     # 高于 lambda 参数的 Gamma 分布的形状参数
lambda_2: float, default=1e-6     # 优先于 lambda 参数的 Gamma 分布的反比例参数（速率参数）
alpha_init: float, default=None   # alpha 的初始值（噪声的精度）
lambda_init: float, default=None  # lambda 的初始值（权重的精度），如果未设置，则 lambda_init
为 1
compute_score: bool, default=False # 如果为真，则在每次优化迭代时计算对数边际似然
normalize: bool, default=False     # fit_intercept 如果为 False，忽略此参数；如果为 True，
则回归前减去平均值并除以 L2 范数来对回归变量 X 进行归一化
copy_X: bool, default=True         # 如果为 True，将复制 X；否则可能会覆盖它
verbose: bool, default=False       # 拟合模型时的详细模式
```

对岭回归形式的贝叶斯回归的简单运用如下。

make_regression()方法通过对先前生成的输入和一些具有可调尺度的高斯中心噪声应用一个带有 "n_informative" 非零回归的随机线性回归模型来生成样本。之后使用 sklearn.linear_model 中的 BayesianRidge 进行训练预测。预测的结果如图 2-11 所示。

```
from sklearn.linear_model import BayesianRidge
import matplotlib.pyplot as plt
from sklearn.datasets import make_regression
```

```
import numpy as np

X, y = make_regression(500, 1, n_informative=2, noise=20)
br = BayesianRidge()
br.fit(X, y)

print(br.coef_)

y_pre=br.predict([[-3],[3]])
plt.figure(figsize=(8,6),dpi=80)
plt.plot([[-3],[3]],y_pre,c='r')
plt.scatter(X,y,alpha=0.7)
plt.show()
```

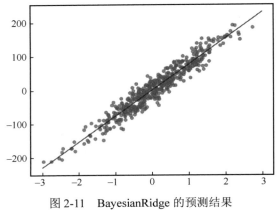

图 2-11　BayesianRidge 的预测结果

2.6　Softmax 回归

Softmax 是一种特殊的激活函数，可以将一个数值向量归一化为一个概率分布向量，且该概率分布向量的各概率之和为 1。在神经网络中，Softmax 通常作为最后一层，用于多分类问题的输出。Softmax 层也常常和交叉熵损失函数一起使用，以优化模型的性能。

2.6.1　算法原理

Softmax 回归也称为多项的或多类的逻辑回归，是逻辑回归在多分类问题上的推广。

逻辑回归模型经过推广，可以直接支持多个类别，而不需要训练并组合多个二元分类器，这就是 Softmax 回归，或者叫多元逻辑回归。

逻辑回归算法是在各个领域中应用比较广泛的机器学习算法。其本身并不难，最关键的步骤就是利用非线性变换，将线性回归模型输出的实数域映射到[0, 1]表示的概率分布的有效实数空间，一个[0, 1]区间的数值恰好可以用于表示概率，而 Sigmoid 函数（又称逻辑函数）刚好具有这样的功能。Sigmoid 函数为

$$\sigma(z) = g(z) = \frac{1}{1 - \exp(-z)} \tag{2-31}$$

所以逻辑回归的假设函数为 $h_w(x) = \sigma(\pmb{w}^T x)$。其代价函数为

$$J(w) = \frac{1}{m} \sum_{i=1}^{m} \left[-y_i \log\left(h_w(x_i)\right) - (1 - y_i) \log\left(1 - h_w(x_i)\right) \right] \tag{2-32}$$

式（2-32）为损失函数或交叉熵损失函数的特殊情况，也就是二分类交叉熵损失函数。推广到多分类的 Softmax 回归时，使用的是交叉熵损失函数的一般形式。

对于多类问题，类别标记 $y \in \{1, 2, \cdots, k\}$ 可以有 k 个取值。给定一个样本 x，Softmax 回归预测属于类别 k 的条件概率的计算式为

$$P\left(y = k | x\right) = \mathrm{Softmax}\left(\pmb{w}_k^T x\right) = \frac{\exp(\pmb{w}_k^T x)}{\sum\limits_{k=1}^{K} \exp(\pmb{w}_k^T x)} \tag{2-33}$$

其中，$\pmb{w}_k$ 为第 k 类的权重向量。于是 Softmax 回归的决策函数为

$$\hat{y} = \mathrm{argmax}_{k=1}^{k} P\left(y = k | x\right) = \mathrm{argmax}_{k=1}^{k} \pmb{w}_k^T x \tag{2-34}$$

既然已经知道了进行概率估算的决策函数，那我们再来看看怎么训练。训练目标是得到一个能对目标类别进行高概率估算的模型（也就是其他类别的概率相对要很小）。将式(2-35)展示的对数代价（也称交叉熵损失）函数最小化即可实现这个目标，因为当模型对目标类别进行较小概率的估算时，会受到惩罚。交叉熵经常被用于衡量一组估算出的类别概率与目标类别的匹配程度（后面还会多次用到）。

$$J(w) = -\frac{1}{m} \sum_{i=1}^{m} \sum_{k=1}^{K} y_k^i \log\left[P\left(y = k | x\right)^i \right] \tag{2-35}$$

如果第 i 个实例的目标类别为 k，则 y_k^i（表示类别概率）等于 1，否则为 0。注意，当只有两个类别（k=2）时，该代价函数等价于逻辑回归的代价函数。

知道了目标代价函数后，我们便可以针对该函数进行梯度下降求最优化问题。最终得到一个适当的多分类模型。

2.6.2　实现及参数

Softmax 回归在 sklearn 库中的实现依然被放在线性模块中，由 LogisticRegression()类来实现，代码如下。

```
class sklearn.linear_model.LogisticRegression(
    penalty='l2', dual=False, tol=0.0001, C=1.0, fit_intercept=True,
    intercept_scaling=1,class_weight=None,random_state=None,solver='lbfgs',
```

```
    max_iter=100,multi_class='auto', verbose=0, warm_start=False,
    n_jobs=None, l1_ratio=None
)
```

其中主要参数解释如下。

（1）penalty：str 类型，默认为"l2"，是正则化类型。"l1"表示 L1 正则化，"l2"表示 L2 正则化，"elasticnet"表示 L1 和 L2 的混合（只有当 solver 为"saga"时可用）。

（2）dual：bool 类型，默认为 False。当样本数量大于特征数量时，dual 为 False；反之，dual 为 True。dual 仅对 liblinear 求解器有效。

（3）tol：float 类型，默认为 1e-4，是优化算法的收敛阈值。

（4）C：float 类型，默认为 1.0，是正则化强度的倒数，且必须为正浮点数。越小的值指定越强的正则化。

（5）fit_intercept：bool 类型，默认为 True，表示是否计算截距。如果为 False，则模型不会使用截距。

（6）intercept_scaling: float 类型，默认为 1。当 solver 为"liblinear"且 fit_intercept 为 True 时，这个参数是有用的。

（7）class_weight：用于指定类别权重，可以是字典、"balanced"或者 None。默认为 None，表示所有类别的权重相等。如果是"balanced"，则系统会自动平衡类别权重。

（8）random_state：控制随机性的种子，用于数据洗牌和初始化模型参数。

（9）solver：优化算法。可以选择的值有"newton-cg""lbfgs""liblinear""sag""saga"，默认为"lbfgs"。不同的 solver 适用于不同规模的数据集。

（10）max_iter：优化算法的最大迭代次数，默认为 100。

（11）multi_class：多分类问题的处理方式。可以选择"ovr（一对多）"或者"multinomial（Softmax 回归）"，默认为"auto"。

（12）verbose：控制详细程度的输出。默认为 0，表示不输出信息。

（13）warm_start：若设置为 True，则使用之前的解决方案作为初始值进行拟合。默认为 False。

（14）n_jobs：并行处理的数量。默认为 None，表示不使用并行处理。若设置为-1，则使用所有可用的 CPU。

（15）l1_ratio：仅在 penalty 为"elasticnet"时使用，用于指定 L1 正则化的比例。默认为 None，表示使用 L2 正则化。

这些参数的选择取决于实际问题的特性，通常需要通过交叉验证等方法来确定最佳参数值以获得最佳模型性能。

下面以一个小案例来演示 Softmax 回归的运用。

```
import numpy as np
```

```
from sklearn.datasets import load_iris
from sklearn.model_selection import train_test_split
from sklearn.datasets import make_blobs
import matplotlib.pyplot as plt
from sklearn import linear_model

# 构造数据集
def gen_dataset():
    np.random.seed(13)
    X, y = make_blobs(centers=4, n_samples = 5000)
    y = y.reshape((-1,1))
    X_train, X_test, y_train, y_test = train_test_split(X, y)
    train_dataset = np.append(X_train,y_train, axis = 1)
    test_dataset = np.append(X_test,y_test, axis = 1)
    np.savetxt("train_dataset.txt", train_dataset, fmt="%.4f %.4f %d")
    np.savetxt("test_dataset.txt", test_dataset, fmt="%.4f %.4f %d")

# 加载数据集
def load_dataset(file_path):
    dataMat = []
    labelMat = []
    fr = open(file_path)
    for line in fr.readlines():
        lineArr = line.strip().split()
        dataMat.append([float(lineArr[0]), float(lineArr[1])])
        labelMat.append(int(lineArr[2]))
    return dataMat, labelMat
```

在上面的代码中，我们导入了所需要的三方库，同时定义了两个函数，分别实现了构造数据集和加载数据集的功能。在构造数据集上，我们使用了 make_blobs() 函数，它主要产生聚类数据集，是 sklearn.datasets 中的一个函数，常被用于生成聚类算法的测试数据。make_blobs() 函数会根据用户指定的样本数量、聚类簇数、范围等生成几类数据，这些数据可用于测试聚类算法的效果。

数据生成后，被分为训练集和测试集，并在本地被保存为 .txt 文件。用户可通过 load_dataset() 函数加载使用这些数据。

有了以上准备后便可以在主方法中测试算法，代码如下。

```
if __name__ == '__main__':
    gen_dataset()
    data_arr, label_arr = load_dataset('train_dataset.txt')
    model_softmax_regression = linear_model.LogisticRegression(
                solver='lbfgs',multi_class="multinomial",max_iter=10)
    model_softmax_regression.fit(data_arr, label_arr)
    test_data_arr, test_label_arr = load_dataset('test_dataset.txt')
    y_predict = model_softmax_regression.predict(test_data_arr)
```

```
accurcy = np.sum(y_predict == test_label_arr) / len(test_data_arr)
print(accurcy)
```

测试集上预测结果的准确率为 0.9568。为了更加直观地看到结果，我们对结果进行可视化，对比预测结果和真实数据的分布差异，代码如下。绘图结果如图 2-12 所示。

```
plt.figure(figsize=(10,4),dpi=150)
# 绘制第一个子图
plt.subplot(121)
plt.scatter(np.array(test_data_arr)[:,0],np.array(test_data_arr)[:,1],c=y_predict)
plt.title("predict_value")
plt.xlabel("First feature")
plt.ylabel("Second feature")
# 绘制第二个子图
plt.subplot(122)
plt.scatter(np.array(test_data_arr)[:,0],np.array(test_data_arr)[:,1],c=test_label_arr)
plt.title("real_value")
plt.xlabel("First feature")
plt.ylabel("Second feature")
plt.show()
```

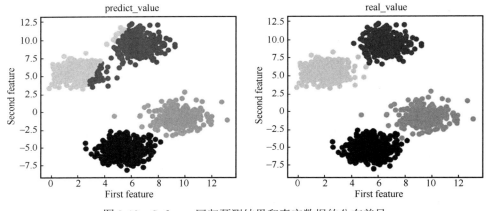

图 2-12　Softmax 回归预测结果和真实数据的分布差异

从图 2-12 可以看到，右下角的两类数据的预测效果是很好的，但是左上角的两类数据预测效果不佳，读者可以自己去探究一下如何去优化这一问题。

2.7　项目实践：航班乘客流量预测

时间序列分析是概率统计学科中回归算法上应用性较强的分支，被广泛应用于金融分析、水文气象、信号处理等众多领域。对时间序列的建模是时间序列分析的关键。在时间序列分析的发展过程中，学者们提出了许多具有实际价值的模型。本节采用差分自回归移动平均（ARIMA）模型来进行项目实践。

下面对 4 种传统时间序列模型以及相关概念进行介绍。

1. 差分法

序列平稳性是进行时间序列分析的前提条件，经典回归分析的一个重要假设是，数据是平稳的。非平稳数据往往导致"虚假回归"，表现为两个没有任何因果关系的变量，却有很强的相关性。例如在时间序列中，本来没有自相关性的两个时间点，产生了相关性。因此平稳性是时间序列分析的基础。

ARIMA 模型要求时间序列具有平稳性。因此，如果想要得到一个非平稳的时间序列，首先需要进行差分操作，直到得到一个平稳时间序列。如果需要进行 d 次差分才能得到一个平稳序列，那么可以使用 ARIMA(p, d, q) 模型，其中，p 为自回归项数，q 为移动平均项数，d 是差分次数。

当我们的原始数据差异特别大时，为了使数据变得平稳，可以使用差分法，也就是计算时间序列在 t 与 $t-1$ 时刻的差值。计算一次 t 与 $t-1$ 时刻的差值称为一阶差分，在一阶差分基础上再次计算差值称为二阶差分，以此类推。

2. AR 模型

AR 模型又被称为 p 阶自回归模型，通常记为 AR(p)。其用于描述当前值与历史值之间的关系，用变量自身的历史时间数据对自身进行预测。自回归模型必须满足时间序列数据平稳性要求。AR 模型为

$$x_t = \phi_0 + \sum_{j=1}^{p} \phi_j x_{t-j} + \varepsilon_t \qquad (2\text{-}36)$$

其中，x_t 为当前值，ϕ_0 为常数项，p 是阶数，ϕ_j 是自相关系数，ε_t 是误差或白噪声。式（2-36）可以被理解为当前时刻值等于过去 p 个时刻值的线性组合。如果常数项 $\phi_0 = 0$，该序列又叫作中心化的 AR(p) 模型。此外，可以像前面线性回归一样，使用最大似然或者最小二乘法来求解自相关系数。

3. MA 模型

MA 模型又称 q 阶移动平均模型，通常记为 MA(q)。移动平均模型关注的是自回归模型中误差项的累加。利用 MA 模型可以有效消除预测中的随机波动。MA 模型为

$$x_t = \mu + \varepsilon_t + \sum_{j=1}^{q} \theta_j \varepsilon_{t-j} \qquad (2\text{-}37)$$

其中，μ 为常数项，$\theta_1, \theta_2, \cdots, \theta_q$ 为模型参数，ε_t 是均值为 0 的白噪声序列。我们可以把此模型理解为当前时刻的序列值等于过去时刻的白噪声值的线性组合。

当 $\mu = 0$ 时，此模型为中心化的 MA(q) 模型，任何一个非中心化 MA(q) 模型均可以通过

位移转换成中心化的 $MA(q)$ 模型。

4. 自相关系数（ACF）与偏自相关系数（PACF）

AR 模型如何确定阶数 p，MA 模型如何确定阶数 q？我们需要通过 ACF 和 PACF 来确定。

ACF 是衡量一个变量不同时刻之间相关性大小的统计量。设有时间序列 x_t，时间间隔 k 之间（ $k = t_2 - t_1$ ）数值的自相关系数计算式为

$$\text{ACF}(k) = \frac{\text{Cov}(x_t, x_{t-k})}{\sqrt{\text{Var}(x)}\sqrt{\text{Var}(x)}} = \frac{1}{n-k} \sum_{t=k+1}^{n} \left(\frac{x_t - \overline{x}}{\sqrt{\text{Var}(x)}} \right) \left(\frac{x_{t-k} - \overline{x}}{\sqrt{\text{Var}(x)}} \right) \tag{2-38}$$

其中，n 为样本容量，$\overline{x}$ 为整个序列的样本均值，$\text{Var}(x)$ 为整个序列的样本方差。对于 AR 模型，ACF 将以指数方式衰减，而更进一步，可以使用 PACF 来识别 AR 模型的阶数 p。

滞后 k 的 $\text{ACF}(k)$ 实际上并不代表 x_t 与 x_{t-k} 之间单纯的相关关系。因为 x_t 还会受到中间随机变量 $x_{t-1}, x_{t-2}, \cdots, x_{t-k+1}$ 的影响，而这些随机变量又都和 x_{t-k} 具有相关关系，所以自相关系数里面实际掺杂了其他变量对 x_t 与 x_{t-k} 的影响。

为了能单纯测度 x_{t-k} 对 x_t 的影响，我们引入滞后 k 的 PACF 的概念。对于平稳时间序列 $\{x_t\}$，所谓滞后 k 的 PACF 指在给定中间随机变量 $x_{t-1}, x_{t-2}, \cdots, x_{t-k+1}$ 的条件下，或者在剔除了中间随机变量 $x_{t-1}, x_{t-2}, \cdots, x_{t-k+1}$ 的干扰之后，x_{t-k} 对 x_t 影响的相关程度。

此时，对于 MA 模型，PACF 将以指数方式衰减，ACF 将用于识别 MA 的阶数 q。可以证明，$MA(q)$ 的 ACF 具有 q 阶截尾性，PACF 具有拖尾性，这是确定 $MA(q)$ 模型及其阶数 q 的关键条件。而 $AR(p)$ 则刚好相反。

5. ARIMA 模型

ARIMA 模型其实就是在 AR 和 MA 模型的基础上加入了差分的特性，是自回归与移动平均的结合体。ARIMA 模型通常记为 $\text{ARIMA}(p, d, q)$。在统计学中，克拉默分解定理保证对适当阶数的差分可以提取到序列中的确定性信息，而差分运算具有强大的信息提取能力，许多非平稳序列进行差分运算后往往显示出平稳序列的特征。所以 ARIMA 模型本质上就是通过差分运算后，将非平稳序列转化成为平稳序列。其计算式为

$$x_t = \sum_{j=1}^{p} \phi_j x_{t-j} + \phi_0 + \sum_{j=1}^{q} \theta_j \varepsilon_{t-j} + \varepsilon_t \tag{2-39}$$

通过式（2-39）可以看出，ARIMA 模型的目标是在差分平稳的基础上，针对滞后值和随机误差扰动来建立回归模型。

6. 模型选择准则

利用 ACF 的拖尾和 PACF 的截尾对模型定阶，具有很强的主观性。我们通过对损失和正则项的加权评估来估计模型参数，选择参数时，需要平衡预测误差与模型复杂度。于是可以根据信息准则函数法，来确定模型的参数。这里介绍赤池信息量准则（AIC）与贝叶斯信息准则（BIC），它们的计算式分别为

$$\text{AIC} = -2\ln(L) + 2k \tag{2-40}$$

$$BIC = -2\ln(L) + k\ln(n) \tag{2-41}$$

其中，L 表示模型的似然函数，k 为模型参数个数，n 为样本个数。两个准则通过对参数个数和样本数施加惩罚来选择最优模型。

AIC 也具有局限性。特别是当样本容量非常大时，AIC 中的拟合误差信息可能会被样本容量过度放大，而参数数量的惩罚因子却与样本容量无关（始终为 2）。因此，在样本容量很大的情况下，使用 AIC 准则可能无法很好地收敛，导致产生较多的参数。然而，BIC 弥补了 AIC 的这一不足。BIC 的惩罚项比 AIC 大，它考虑了样本数量。当样本数量过多时，BIC 可以有效防止模型精度过高而导致的复杂度增加。

显然，这两个评价指标越小模型越好。网格搜索，可以分别确定 AIC、BIC 最优的模型 p、q。常见的做法是选择多组 (p, q) 组合，通过参数估计建立多个 ARMA 模型，同时经过模型检验确定几组能通过检验的 (p, q) 组合，然后根据 AIC、BIC 确定一组最好的 (p, q) 值。

本小节以航班客流量预测为例来进行实践。代码及操作步骤如下。

（1）导入所需库并读取数据。

读取数据后的绘图结果如图 2-13 所示。

```
# 导入数据处理库
import numpy as np
import pandas as pd


# 导入绘图库
import seaborn as sns
import matplotlib.pyplot as plt


# 导入相应建模库
# ACF 与 PACF
from statsmodels.graphics.tsaplots import plot_acf, plot_pacf
# AIC 与 BIC 判断
import statsmodels.tsa.stattools as st
import statsmodels.api as sm
from statsmodels.tsa.arima_model import ARIMA


# 设置绘图显示中文字体
plt.rcParams['font.sans-serif'] = ['Microsoft YaHei']


data_origin = pd.read_csv(r'D:\Anaconda3\jupyter_work\ML textbook
write\ARIMA-master\international-airline-passengers.csv',names=['date',
'passengers'],header=0)


plt.figure(figsize=(10,6),dpi=100)
data = data_origin.passengers
plt.title('Passengers Number',fontsize=12)
```

```
plt.plot(data)
plt.show()
print(data.isnull().sum())                    # 查看缺失值个数
```

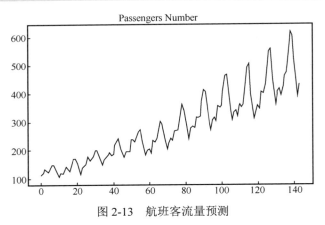

图 2-13   航班客流量预测

从图 2-13 我们可以看到数据集一共有 140 天的数据。

（2）划分数据集并选择差分阶数 d。

```
# 划分训练数据与测试数据
train_size = int(data.shape[0]*0.8)
train_data = data[:train_size]
test_data = data[train_size:]


# 观察各阶差分结果
def plot_diff(series, n):
    #  画各阶差分预览
    color_bar = ['blue', 'red', 'purple', 'pink']
    diff_x = series
    timeseries_diff_adf = ADF(diff_x.tolist())
    print('timeseries_diff0_adf : ', timeseries_diff_adf)
    for i in range(n):
        plt.figure(figsize=(10,6),dpi=100)
        plt.title('diff  ' + str(i + 1))
        diff_x = diff_x.diff(1)
        timeseries_diff = diff_x.fillna(0)
        diff_x[::1].plot(color = color_bar[i%len(color_bar)])


# 调用函数
plot_diff(train_data, 3)
```

三阶差分如图 2-14 所示，由于一阶差分已经基本符合平稳性需求，因此可以选用一阶差分来进行后续的建模预测。

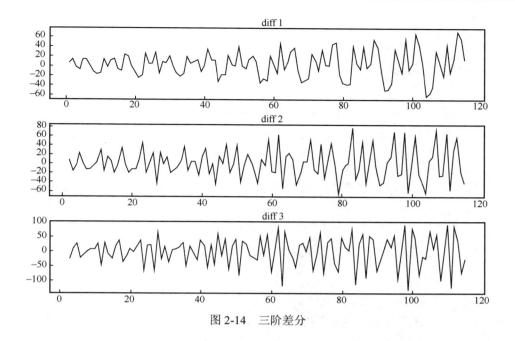

图 2-14　三阶差分

（3）进行差分并绘制 ACF 和 PACF 图。

```python
# 绘制 ACF 与 PACF 图
def autocorrelation(timeseries, lags):
    fig = plt.figure(figsize=(16, 8),dpi=100)
    ax1 = fig.add_subplot(211)
    sm.graphics.tsa.plot_acf(timeseries, lags=lags, ax=ax1,alpha=0.05)
    ax2 = fig.add_subplot(212)
    sm.graphics.tsa.plot_pacf(timeseries, lags=lags, ax=ax2,alpha=0.05)
    plt.show()


train_data_diff = train_data
# 进行一阶差分
diff_times = 1
first_values = []
for i in range(0, diff_times):
    first_values.append(pd.Series([train_data_diff.iloc[0]],
index=[train_data_diff.index[0]]))
    train_data_diff = train_data_diff.diff(1).dropna()
    print(train_data_diff)

# 调用函数
autocorrelation(train_data_diff, 20)
```

绘图结果如图 2-15 所示。

从图 2-15 我们可以看到，本案例的 ACF 和 PACF 需要根据拖尾和截尾来判断合适的 p、q 取值，于是进一步使用 AIC 与 BIC 来判断。

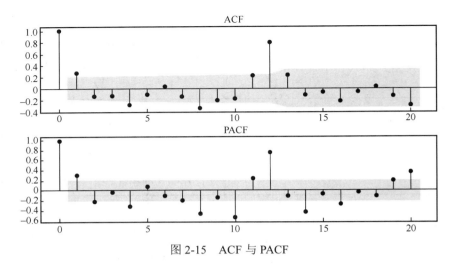

图 2-15　ACF 与 PACF

（4）使用 AIC 与 BIC 绘制热力图，结果分别如图 2-16 和图 2-17 所示。

```
# 计算AIC与BIC
res = st.arma_order_select_ic(train_data_diff, max_ar=7,
max_ma=7,ic=['aic','bic'])
# 使用AIC绘制热力图
plt.figure(figsize=(10, 8),dpi=100)
ax = sns.heatmap(res['aic'], annot=True, fmt=".2f", cmap="rainbow")
ax.set_title('AIC')
print(res.aic_min_order)

# 使用BIC绘制热力图
plt.figure(figsize=(10, 8),dpi=100)
ax = sns.heatmap(res['bic'], annot=True, fmt=".2f", cmap="rainbow")
ax.set_title('BIC')
print(res.bic_min_order)
```

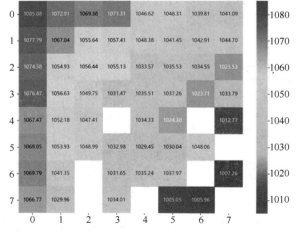

图 2-16　使用 AIC 绘制热力图

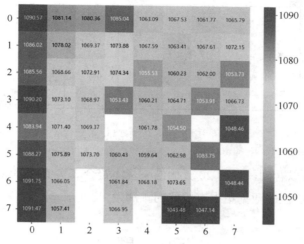

图 2-17　使用 BIC 绘制热力图

（5）使用 ARIMA 模型进行建模预测。

根据上面的参数选择结果，最终确定 ARIMA(p, d, q)为 ARIMA(7, 1, 5)。我们从训练集最后一天往后连续预测 20 天，最后对差分进行还原，预测结果如图 2-18 所示。

```
# 建模预测
model = ARIMA(train_data, order=(7,1,5)).fit()
pred = model.predict(start=1, end=len(train_data) + 20)


# 差分还原
time_series_restored = pred
for first in reversed(first_values):
    time_series_restored = first.append(time_series_restored)
    print(time_series_restored)
    time_series_restored = time_series_restored.cumsum()
print(time_series_restored)


# 查看拟合结果并绘图
plt.figure(figsize=(18,8),dpi=100)
plt.plot(train_data[-30:], color='blue', label='观测数据')
plt.plot(time_series_restored[-50:], color='red', label='预测值')
plt.plot(test_data[:20], color='black', label='测试数据')
plt.title('预测结果绘图展示',fontsize=20)
plt.grid()
plt.legend()
plt.axvline(x=len(train_data),ls="-",c="green")
plt.legend(fontsize=14)
plt.show()
```

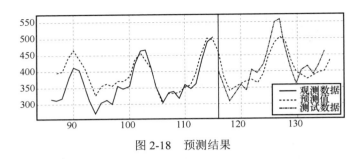

图 2-18　预测结果

　　从图 2-18 我们可以看到，预测 20 天的结果基本符合真实值的趋势。说明 ARIMA 模型在具有一定规律和平稳性的数据集上有较好的预测效果。

习　　题

1. 线性回归的 3 种实现方式是什么？分别如何进行？

2. 什么是过拟合？如何防止过拟合？

3. L1 和 L2 正则化的特点及区别分别是什么？

4. 如何利用贝叶斯方法的思想来实现贝叶斯回归？

5. 简述利用 ARIMA 模型进行时序预测的方法和流程。

第 **3** 章 分类算法概述

分类是挖掘数据的一个重要技术，是数据挖掘中最有应用价值的技术之一，其应用遍及工程、物理学、生物学、金融、社会科学等诸多领域。本章通过对当前具有代表性的分类算法进行分析和比较，总结每类算法的特性，从而便于读者理解经典分类算法的工作原理，同时方便读者在应用时选择并使用算法。

3.1 分类算法简介

分类算法是一种对离散型随机变量建模或预测的监督学习算法。分类算法的目的是从给定的人工标注的分类训练样本数据集中总结出一个分类函数或者分类模型（也常常称作分类器）。当新的数据到来时，我们可以根据这个函数进行预测，将新数据项映射到给定类别的某一个类中。

分类模型输入的数据包含信息特征（也称为属性），数据对应的标签也常称为类别。而所谓的学习，其本质就是找到特征与标签间的关系（即映射）。所以说分类模型是求取一个从输入变量（即特征）x 到离散的输出变量（即标签）y 之间的映射函数 $f(x)$。这样输入有特征而无标签的未知数据时，可以通过映射函数预测未知数据的标签。简单地说，分类就是按照某种标准给对象贴标签，再根据标签来区分归类。而分类的类别是事先定义好的，例如在 CTR（点击率）预测中，一个特定商品，根据过往的用户点击商品等信息可以被归为"会点击"和"不会点击"两类；一个文本邮件可以被归为"垃圾邮件"和"非垃圾邮件"两类。

由此可见，分类算法的重点在于构造分类模型，而这个过程可分为训练和测试两个阶段。在构造模型之前，要求将数据集随机分为训练数据集和测试数据集。在训练阶段，针对给定的训练数据集进行属性分析，并生成描述或构建相应模型。在测试阶段，利用所生成的属性描述或模型，对测试数据集进行分类，并评估其分类准确度。在进行分类模型训练之前，通常需要对数据进行以下预处理，以提高算法分类的准确性、有效性和可伸缩性。这些预处理步骤包括：

（1）数据清理：该步骤旨在消除或减少数据中的噪声，并处理数据中的缺失值；

（2）相关性分析：由于数据集中的许多属性可能与分类任务无关，将这些属性包含在训练数据集中会降低学习速度甚至误导学习过程。因此，相关性分析的目标是删除这些不相关或多余的属性；

（3）数据变换：数据可以被转化为更高层次的概念。例如，连续值属性"收入"的数值可以离散化为低、中、高三个级别。同样地，标称值属性"市"可以概化为更高层次的概念，如"省"。此外，预处理过程还可以对数据进行规范化，将给定属性的值按比例缩放到较小的区间，例如[0,1]。

目前各领域研究者已提出许多分类算法，不同的分类算法适用于不同的情况，这使开发者在分类算法的选择方面抱有诸多困惑。因此，本节将针对主要的分类算法进行简要介绍并分析各自的特性。分类算法中单一的分类模型算法主要包括：决策树、贝叶斯分类器、K 近邻查询、支持向量机、逻辑回归算法等；另外还有用于组合单一分类模型的集成学习算法，如 Bagging 和 AdaBoost 等。下面将重点介绍各个算法的原理并剖析算法的缺点，旨在让读者熟悉并掌握几种重要的分类算法，以便读者对分类算法进行选择和研究。

3.2　K 近邻查询算法

3.2.1　算法原理

K 近邻查询算法是非常经典的分类算法之一。K 近邻查询算法是非常简单的分类器，它不需要显式的学习过程或训练过程，是一种典型的懒惰式学习算法。当机器对数据的分布只有很少或者没有任何先验知识时，K 近邻查询算法是一个不错的选择。

K 近邻查询算法虽然能解决回归问题，但其主要用于解决分类问题。该方法的原理非常简单，即对测试样本进行分类时，首先扫描训练样本集，找到与该测试样本最相似的 K 个训练样本，并根据这 K 个样本的具体类别进行投票从而最终确定测试样本的类别。当然也可以通过 K 个样本与测试样本的相似程度进行加权投票。如果需要以测试样本对应概率的形式输出，则可以通过 K 个样本中不同类别的样本数量分布进行估计。当 K 个最邻近的样本的大多数属于某个类别时，则该测试样本也被划分到这个类别中，K 近邻查询算法的 K 就代表最邻近的 K 个数据样本。

下面通过一个具体的例子来加深读者对 K 近邻查询算法原理的理解。如图 3-1 所示，有两类不同的样本数据，分别用小正方形和小三角形表示，而图中间的圆表示待分类的数据。也就是说，现在不知道圆表示的数据属于哪一类（小正方形或小三角形），因此要对圆表示的数据进行分类。

俗话说，"物以类聚，人以群分"。判别一个人具有什么品质特征，常常可以从他身边的朋友入手，所谓观其友，而识其人。因此，判别图 3-1 中圆表示的数据属于哪一类，就要从它的邻居下手。但一次性看多少个邻居呢？我们可以观察一下图 3-1。

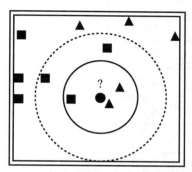

图 3-1　K 近邻查询算法示意

如果 $K=3$，距离圆最近的 3 个邻居是 2 个小三角形和 1 个小正方形，少数服从多数，基于统计的方法，判定待分类点属于小三角形一类。

如果 $K=5$，距离圆最近的 5 个邻居是 2 个小三角形和 3 个小正方形，少数服从多数，基于统计的方法，判定待分类点属于小正方形一类。

因此，当无法判定当前待分类点属于已知分类中的哪一类时，我们可以依据统计学的理论看它所处的位置特征，衡量它周围邻居的权重，把它归为（或分配到）权重更大的那一类。这就是 K 近邻查询算法的核心思想。

通过上文我们知道 K 的取值比较重要，那么该如何确定 K 的取值呢？答案是通过交叉验证[将样本数据按照一定比例（如 6:4），拆分出训练用的数据和验证用的数据]，从选取一个较小的 K 值开始，不断增加 K 的值，然后计算验证集合的方差，最终找到比较合适的 K 值。

K 近邻查询算法有以下优点：简单易用、容易理解、精度高、理论成熟。它适用于分类和回归问题，可以处理数值型和离散型数据，对异常值不敏感。然而，该算法的计算复杂度和空间复杂度较高，无法解决样本不平衡问题，同时没有提供数据的内在含义。

3.2.2　实现及参数

本小节借助 1 个例子讲解 K 近邻查询算法的具体实现，进一步帮助读者理解 K 近邻查询算法。下面使用 K 近邻查询算法分类爱情片和动作片，表 3-1 显示了 6 部电影的打斗和拥抱镜头数，还显示了 1 部未分类的电影。我们可以使用 K 近邻查询算法来确定未分类的电影是爱情片还是动作片。

表 3-1 电影数据

电影名称	打斗镜头数	拥抱镜头数	电影类型
《加州人》	3	104	爱情片
《乱世佳人》	2	100	爱情片
《漂亮女人》	1	81	爱情片
《凯文》	101	10	动作片
《机器人杀手3000》	99	5	动作片
《杀破狼》	98	2	动作片
?	18	90	未知

求解目标电影的类型前，我们需要计算未知电影和数据集中其他的电影之间的距离，这里使用欧几里得距离度量方法，具体计算式为

$$|AB| = \sqrt{(x_1 - x_2)^2 - (y_1 - y_2)^2} \qquad (3\text{-}1)$$

其中，x、y 表示数据的属性值。上述计算的结果见表 3-2。

表 3-2 未知电影与其他电影之间的距离

电影名称	与未知电影的距离
《加州人》	20.5
《乱世佳人》	18.7
《漂亮女人》	19.2
《凯文》	115.3
《机器人杀手3000》	117.4
《杀破狼》	118.9

现在我们按照距离递增排序，可以找到 K 个距离最近的电影。假定 K=3，则 3 部最靠近的电影依次是《乱世佳人》《漂亮女人》《加州人》，而这 3 部电影全是爱情片，因此判定未知电影是爱情片。

利用上述说明，我们可以求得算法结果，具体代码实现步骤如下。

（1）导入所需库和样本数据。创建名为 KNN.py 的 Python 模块，导入以下数据，结果如图 3-2 所示。

```
from numpy import *
import operator
def createDataSet ():
group = array ([[3,104],[2,100],[1,81],[101,10],[99,5],[98,2]])
        labels = ['爱情片','爱情片','爱情片','动作片','动作片','动作片']
        return group,labels
```

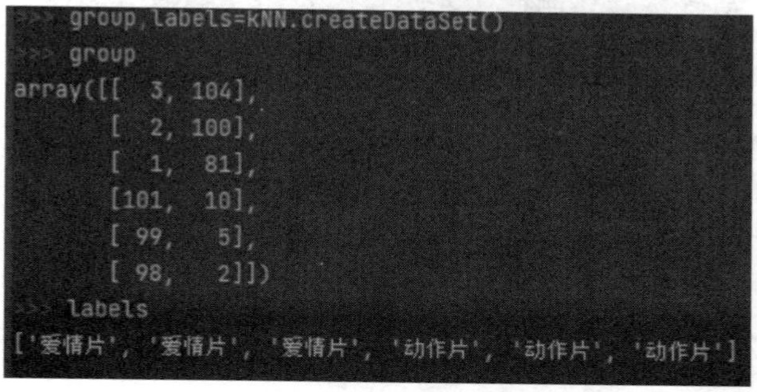

图 3-2　电影数据展示

（2）根据两点距离公式，计算距离，过程如下。结果如图 3-3 所示。

```
def classify0 (inX, dataSet, labels, k):
    # NumPy 函数 shape[0] 返回 dataSet 的行数
    dataSetSize = dataSet.shape[0]
    # 在列向量方向上重复 inX 共 1 次（横向），行向量方向上重复 inX 共 dataSetSize 次（纵向）
    diffMat = np.tile (inX, (dataSetSize, 1)) - dataSet
    # 将二维特征相减后求平方
    sqDiffMat = diffMat**2
    # 将 sum() 所有元素相加，sum(0) 列相加，sum(1) 行相加
    sqDistances = sqDiffMat.sum (axis=1)
    # 开方，计算距离
    distances = sqDistances**0.5
    # 返回 distances 中元素从小到大排序后的索引值
    sortedDistIndices = distances.argsort ()
    # 确定一个记录类别次数的字典
    classCount = {}
    for i in range (k):
        # 取出前 k 个元素的类别
        voteIlabel = labels[sortedDistIndices[i]]
        # 字典的 get() 方法，返回指定键的值，如果值不在字典中返回默认值
        dict.get (key,default=None)
        # 计算类别次数
        classCount[voteIlabel] = classCount.get (voteIlabel,0) + 1
    # 在 Python 3 中用 items() 替换 Python 2 中的 iteritems()
    # key=operator.itemgetter(1)表示根据字典的值进行排序
    # reverse 降序排序字典
```

```
        sortedClassCount = sorted (classCount.items(),key=operator.itemgetter(1),
reverse = True)
        # 返回次数最多的类别，即所要分类的类别
        return sortedClassCount[0][0]
```

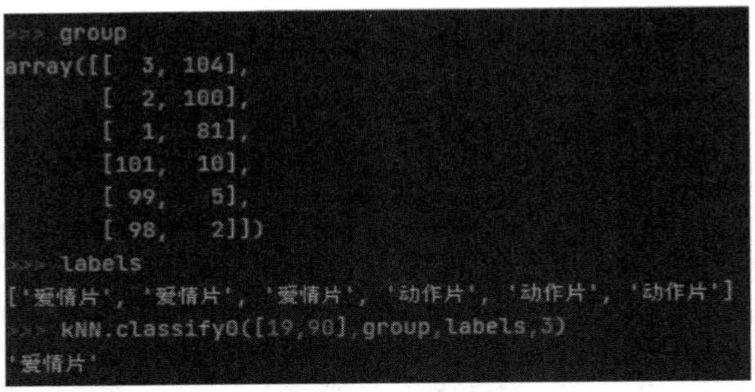

图 3-3   算法结果

3.3   逻辑回归算法

3.2 节介绍了 K 近邻查询算法，其仅通过 K 个最近邻判断目标变量的类别。然而，在现实中，分类问题往往复杂多变，因此需要其他算法进行补充，本节将介绍另一种新的分类算法——逻辑回归算法。

3.3.1   算法原理

逻辑回归是机器学习中的一种分类算法，是广义的线性回归分析模型。尽管其推导过程与回归相似，但逻辑回归的主要应用是解决二分类问题，也可以用于多分类问题。逻辑回归利用给定的训练集数据（n 组），在训练结束后对测试集数据进行分类。其中每组数据由 p 个属性组成。

在分类任务中，例如对于身高和体重这两项指标，逻辑回归可用于判断一个人是"胖"还是"瘦"。测量 n 个人的身高、体重，以及相应的"胖""瘦"标签，将其分别用 0 和 1 表示，然后输入模型进行训练。训练完成后，可输入待分类个体的身高和体重，以确定其属于"胖"还是"瘦"类别。数据若有 2 个属性（即 2 维），可用平面点表示，其中一项指标对应 x 轴，另一项对应 y 轴；若有 3 个属性（即 3 维），可用空间中的点表示；若有 p 个属性（$p>3$），则在 p 维空间中表示。逻辑回归训练后的模型在本质上是一条直线或一个平面、超平面，将空间中的散点分为两部分，同类数据大多分布在直线或平面、超平面的同一侧。图 3-4 中的点数表示样本个数，两种形状代表两个指标。这条直线可被视为经过训练后样本划分的依据，通过后续样本的 p_1 和 p_2 值，可判断其属于哪一类别。

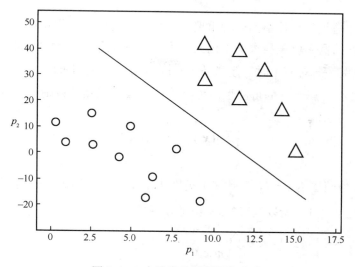

图 3-4　2 个维度的逻辑回归分类

鉴于仅涉及两个类别，在逻辑回归算法中，一类标签被设为 0，另一类标签被设为 1。这种情况下，需要一个回归函数，能够将输入的每组数据映射至 0~1 的数值。若函数值大于 0.5，则判定该样本属于 1 类，否则为 0 类。利用样本训练，可以确定回归函数的参数，使其能够对训练集中的数据进行准确的预测。这个回归函数即 Sigmoid 函数，其具体公式为

$$G(\boldsymbol{x}) = \frac{1}{1 + \mathrm{e}^{-x}} \tag{3-2}$$

其中，$G(\boldsymbol{x})$表示回归函数，在这里我们可以设逻辑回归函数为

$$h(\boldsymbol{x}^i) = \frac{1}{1 + \mathrm{e}^{-(\boldsymbol{w}^t \boldsymbol{x}^i + b)}} \tag{3-3}$$

其中，$\boldsymbol{x}^i$ 是测试集的第 i 个数据，是 p 维列向量；$\boldsymbol{w}^t$ 也是 p 维列向量，但其为待求参数；b 是一个数，也是待求参数。

而 $\boldsymbol{w}^t \boldsymbol{x}^i + b$ 的结果是 $w_1 x_1 + w_2 x_2 + w_3 x_3 + \cdots + w_p x_p + b$，因此 $\boldsymbol{w}^t \boldsymbol{x}^i + b$ 可以写成 $\boldsymbol{w}^{\mathrm{T}} \boldsymbol{x}$。这时的回归函数为

$$h(\boldsymbol{x}^i) = \frac{1}{1 + \mathrm{e}^{-\boldsymbol{w}^{\mathrm{T}} \boldsymbol{x}^i}} \tag{3-4}$$

将另一个参数 b 合并到参数 $\boldsymbol{w}$ 中，可以便于后续根据训练样本求解参数 $\boldsymbol{w}$。在逻辑回归中，常采用极大似然估计和损失函数来求解参数 $\boldsymbol{w}$。本书重点介绍极大似然估计，损失函数求解的详细方法读者可自行深入了解。

极大似然估计是数理统计中的一种重要的参数估计方法，其思想就是一个事件发生了，那么发生这个事件的概率就是最大的。因此样本 i 属于类别 y_i 的概率取值为 $(0,1)$。可以把 $h(\boldsymbol{x}_i)$ 看成一种概率。y_i 对应 1 时，概率是 $h(\boldsymbol{x}_i)$，表示 $\boldsymbol{x}_i$ 属于 1 的可能性；$\boldsymbol{y}_i$ 对应 0 时，概率是 $1-h(\boldsymbol{x}_i)$，表示 $\boldsymbol{x}_i$ 属于 0 的可能性。那么构造的极大似然函数则可以表示为

$$\prod_{i=1}^{i=k} h(\boldsymbol{x}_i) \prod_{i=k+1}^{n} \left(1-h(\boldsymbol{x}_i)\right) \tag{3-5}$$

其中，i 的取值范围为 $0 \sim k$，k 是属于类别 1 的个数，i 从 $(k+1) \sim n$ 是属于类别 0 的个数。由于 y 是标签 0 或 1，所以式（3-5）也可以写成

$$\prod_{i=1}^{i=k} h(\boldsymbol{x}_i)^{y^i} (1-h(\boldsymbol{x}_i))^{1-y^i} \tag{3-6}$$

这样无论 y 是 0 还是 1，其中始终有一项会变成 0 次方，也就是 1，式（3-6）和式（3-5）是等价的。但为了方便，我们对式子取对数。因为是求式子的最大值，可以转换成式子乘以 -1，之后求最小值。同时，由于 n 个数据累加后的值会很大，因此为了避免梯度爆炸问题，可以除以样本总数 n。则包含参数 $\boldsymbol{w}$ 的式子就可以表示为

$$L(\boldsymbol{w}) = \frac{1}{n} \sum_{i=1}^{n} -y_i \ln\left((h(\boldsymbol{x}_i) - (1-y_i) \ln(1-h(\boldsymbol{x}_i))\right) \tag{3-7}$$

针对式（3-7）求最小值即可得到算法参数，而求函数最小值的方法有很多，在机器学习中常用梯度下降方法，也可以采用牛顿法，或求导数为 0 时 $\boldsymbol{w}$ 的数值等。

3.3.2　实现及参数

本小节使用 Python 实现一个简易版本的逻辑回归算法，即仅针对二分类数据集，并且不考虑正则化等问题。我们仅需要下面的 Python 内置包，不需要引入任何第三方包，所以在基本的 Python 系统环境下即可运行。

```
import math
import random
```

在构造的类 lr 类中，初始化参数 max_iter 和 alpha 分别代表函数训练的默认迭代次数和学习率。我们仅使用随机梯度下降方法来更新算法，所以此处并没有选择其他参数优化方法。读者如果对其他优化方法感兴趣，可以自行尝试并在参数初始化部分进行相应的修改。

```
class lr:
    def __init__ (self, max_iter = 1000, alpha = 0.01):
        self.max_iter = max_iter
        self.alpha = alpha
```

在训练函数部分，特征权重 self.coef_ 被初始化为 0。由于 self.coef_ 包含偏置项，所以对训练集 X 的每项实例的最后一列添加值为 1 的特征项。然后使用随机梯度下降的方法 self._stochastic_gradient_descent 来训练模型。最后函数返回 self，以便实现类似于 sklearn 的链式调用 clf.fit(X,y).predict(X)。需要指出的是，在这段代码中，输入项 X、y 都是列表型变量。

```
def fit (self, X, y):
  self.n_fea = len (X[0])
  self.n_ins = len (X)
  self.coef_ = [0 for _ in range (self.n_fea + 1)]
  X = list (map (lambda x: x+[1], X))
  self._stochastic_gradient_descent (X, y)
  return self
```

以下代码展示了随机梯度下降函数的实现过程。外层循环表示当前的迭代次数，直到达到 self.max_iter 才会停止。内层循环表示当前更新到第几个样本，由于采用的是随机梯度下降，可使用 random.shuffle()函数来打乱样本的更新顺序。同时，self.loss 和 self.acc 变量分别用于记录每次迭代后模型在训练集上的训练损失和准确率。

```
def _stochastic_gradient_descent (self, X, y):
  idx_lst = [i for i in range (self.n_ins)]
  self.loss = []
  self.acc = []
  self.loss.append (self._loss (X, y))
  self.acc.append (0)
  for i in range (self.max_iter):
    random.shuffle (idx_lst)
    for j in idx_lst:
      wx_iter = map (lambda x, y: x * y, self.coef_, X[j])
      wx_value = sum (list (wx_iter))
      error = self._sigmoid (wx_value) - y[j]
      gradient = list (map (lambda x: x * error * self.alpha, X[j]))
      self.coef_ = list (map (lambda x, y: x - y, self.coef_, gradient))
    self.loss.append (self._loss (X,y))
    self.acc.append (self.score (X,y))
```

在 main.py 文件中，使用 sklearn 自带的二分类数据集 breast cancer 来验证代码的有效性。我们将模型的训练损失和在训练集上的准确率展示在图 3-5 中。如图 3-5（a）所示，相比于学习率较低的模型，学习率较高的模型的训练损失下降得较快；如图 3-5（b）所示，在相同的迭代次数下，学习率较高的模型在训练集上的准确率更高。从图 3-5 我们还可以看出训练损失随着模型迭代次数增加而减少，验证了我们模型初始化参数 self.max_iter 和 self.alpha 的有效性。

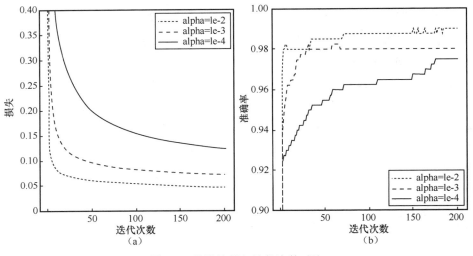

图 3-5　分类效果与迭代次数对比

3.4　贝叶斯网络与朴素贝叶斯分类器

经过前面的介绍，我们已经了解了 K 近邻查询和逻辑回归两种常见的分类算法，虽然两者在实际的分类应用中较为普遍，但其无法对不确定性进行建模，分析变量之间的依赖关系，实现因果推理。基于概率论的分类算法能够很好地解决此类问题，因此下文将介绍其中的朴素贝叶斯分类器分类算法。

3.4.1　贝叶斯网络

在了解朴素贝叶斯分类器之前，我们需要理解什么是贝叶斯网络。贝叶斯网络又称为贝叶斯信念网络，或有向无环图模型，是概率图模型中最基础的模型，由朱迪亚·珀尔于1985年提出。其为一种处理不确定性的模型，模拟人类推理过程中的因果关系。贝叶斯网络的拓扑结构为有向无环图（DAG），通过箭头连接有因果关系或非条件独立的变量或命题。简而言之，连接两个节点的箭头表示这两个随机变量具有因果关系或非条件独立。若两个节点以单箭头连接，表明一个节点是"因"，另一个是"果"，两个节点会生成一个条件概率值。假设节点 E 直接影响节点 H，即 E→H，则用从 E 指向 H 的箭头建立节点 E 到节点 H 的有向弧（E,H），权值（即连接强度）用条件概率 $P(H|E)$ 来表示，如图 3-6 所示。

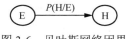

图 3-6　贝叶斯网络因果

若把某个研究系统中涉及的随机变量，根据其是否条件独立绘制成一个有向图，就形成了贝叶斯网络。下面介绍贝叶斯网络的具体定义。

贝叶斯网络在数学中表示为 $G=(I,E)$，代表一个有向无环图，其中 I 代表图形中所有的节点的集合，而 E 代表有向连接线段的集合。令 $X=x_i$，其中 $i \in I$，表示有向无环图中的某一节点 i 代表的随机变量，则节点 X 的联合概率可以表示成

$$p(x) = \prod_{i \in I} p\left(x_i \mid x_{\mathrm{pa}(i)}\right) \tag{3-8}$$

则称 X 为相对于有向无环图 G 的贝叶斯网络，其中 $\mathrm{pa}(i)$ 表示节点 i 的"因"，或称 $\mathrm{pa}(i)$ 是 i 的 parents（父母）。此外，对于任意的随机变量，其联合概率可由各自的局部条件概率分布相乘而得出

$$p(x_i, \cdots, x_k) = p(x_k \mid x_i, \cdots, x_{k-1}), \cdots, p(x_2 \mid x_1)p(x_1) \tag{3-9}$$

图 3-7 所示便是一个简单的贝叶斯网络。

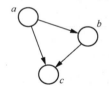

图 3-7　简单的贝叶斯网络

因为 a 导致 b，a 和 b 导致 c，所以存在

$$p(a,b,c) = p(c \mid a,b)p(b \mid a)p(a) \tag{3-10}$$

3.4.2　朴素贝叶斯分类器

贝叶斯分类是以贝叶斯网络为基础的分类算法的总称。其主要思想：如果样本的特征向量服从某种概率分布，则可以利用特征向量计算属于每个类别的概率，并选择条件概率最大的类为分类结果。而朴素贝叶斯分类器可以被看作贝叶斯网络的特殊情况：该网络无边，各个节点都是独立的。而这种特殊化使朴素贝叶斯原理更简单，也很容易实现。朴素贝叶斯分类器是机器学习的经典算法之一，也是为数不多的基于概率论的分类算法之一。

朴素贝叶斯分类器的核心就是贝叶斯定理。该算法利用贝叶斯公式计算样本属于某一类别的条件概率值，并将样本判定为概率值最大的那个类别。其中条件概率描述的是两个具有因果关系的随机事件的概率关系。例如，$p(b \mid a)$ 为在事件 a 发生的前提下，事件 b 发生的概率，则贝叶斯公式为

$$p(b|a) = \frac{p(a|b)p(b)}{p(a)} \tag{3-11}$$

如果将式（3-11）换一种表达方式，则有

$$p(类别|特征) = \frac{p(特征|类)p(类)}{p(特征)} \tag{3-12}$$

最终只需要求 $p(类别|特征)$，就可以完成分类任务。这里的类别就是分类任务中存在的类别，特征是待分类的样本。为了使读者进一步理解朴素贝叶斯，我们给出下面例子，数据见表3-3。

表3-3 朴素贝叶斯例子

外观	价格	软硬	保质期	买与否
好	高	软	短	不买
差	不高	软	长	不买
好	不高	软	长	买
差	不高	硬	长	买
好	高	软	长	不买
好	高	软	长	不买
好	不高	硬	短	买

如果考虑买一个蛋糕，而蛋糕的 4 个特点分别是外观、价格、软硬程度、保质期。请你判断是否买这个蛋糕？这是一个典型的分类问题。将其转为数学问题就是比较概率 p(买|外观差、价格高、硬、保质期短)与概率 p(不买|外观差、价格高、软、保质期短)，这里我们结合朴素贝叶斯公式（因为在价格高的情况下没有买的实例，所以下面忽略该特点），可表示为

$$p(买|外观差、软、保质期短) = \frac{p(买|外观差、软、保质期短) \times p(买)}{p(外观差、软、保质期短)} \tag{3-13}$$

我们需要计算 p(买|外观差、软、保质期短)，这是我们未知的概率。但是通过朴素贝叶斯公式可以转化为 3 个容易求解的量：p(买|外观差、软、保质期短)、p(外观差、软、保质期短)、p(买)。将待求的量转化为其他可求的值，这就相当于解决了我们的问题。所以将问题转化为求 p(买|外观差、软、保质期短)、p(外观差、软、保质期短)、p(买)即可，最后代入公式，得到最终结果。

其中，p(买|外观差、软、保质期短)= p(买|外观差)×p(买|软)×p(买|保质期短)，因此，在训练数据时，我们只需统计等号右边的几个概率，就可以得到左边的概率。根据概率论的相关知识可知，上述等式成立的前提是需要特征之间相互独立。这也就是朴素贝叶斯分类器为什么被冠以"朴素"一词，朴素贝叶斯就是假设各个特征之间相互独立。

但是为什么需要假设特征之间相互独立呢？其原因：在实际生活中，某一事物往往具有很多特征，每一个特征的取值也非常多。通过统计来估计后面概率的值是不可行的，因为这会导致计算的复杂性急剧增加。此外，如果不假设特征独立，数据的稀疏性，往往很容易导致出现统计得到概率为 0 的情况，这是不合适的。基于上面两个原因，朴素贝叶斯分类器对条件概率分布进行了条件独立性的假设，这一假设简化了朴素贝叶斯分类器的计算过程，但有时会牺牲一定的分类准确率。

因此表 3-3 中的例子的计算过程如下。

p(买)=3/7。

p(买|外观差)=1/2，p(买|软)=1/5。

p(外观差)=2/7。

p(软)=5/7。

p(保质期短)=2/7。

代入贝叶斯公式得到 p(买|外观差、软、保质期短)=147/400，而 p(不买|外观差、软、保质期短)=253/400，显然分类的结果是不买。

可以看出，朴素贝叶斯分类器具有逻辑简单、易于实现以及分类过程中时空开销较小的优点。理论上，虽然朴素贝叶斯分类器与其他分类方法相比具有较小的误差，但是实际上并非总是如此。这是因为朴素贝叶斯分类器假设特征之间相互独立，而这个假设在实际应用中往往是不成立的，尤其是在特征个数比较多或者特征之间具有较大相关性时，分类效果不好。而在特征相关性较小时，朴素贝叶斯分类器性能最好。关于这一点，半朴素贝叶斯算法通过考虑部分特征关联性对其进行了适当改进。

3.5 决策树算法

决策树算法被广泛应用于大数据、数据挖掘和数据分析等领域，近期的调查研究显示它是最为常用的数据挖掘分类算法之一。该算法之所以备受青睐，主要归因于其直观的使用方式，使用户无须深入了解机器学习算法即可轻松进行分类。决策树以直观的流程图形式呈现，由判断模块和终止模块组成，进一步增加了其在实际应用中的便捷性。在此背景下，我们将深入探讨决策树算法的原理。

3.5.1　算法原理

决策树算法是通过一系列规则对数据进行分类的算法，提供一种在什么条件下会得到什么值的规则。决策树分为分类树和回归树两种，前者对离散变量进行决策，后者对连续变量进行决策。决策树算法的逻辑是，从根节点出发，对实例的每一个特征进行判断，根据判断结果，将实例分配到其子节点中。此时，每个节点又对应该特征的一个取值，如此递归，对实例进行判断和分配，直至实例被分配到叶节点中。这种算法遵循简单且直观的"分而治之"策略。图 3-8 展示了一个利用西瓜的各个特征（如纹理、触感、根蒂、色泽等）构建的决策树，用于对西瓜进行判断，并得出是不是好瓜的结论。这些特征被构建为决策树的非叶节点。

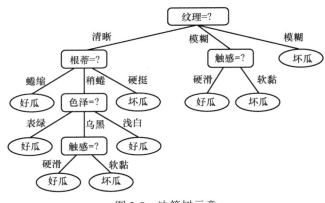

图 3-8　决策树示意

本质上，决策树是一个由 if - then 规则集合构成的分类器。从根节点到叶节点的每一条路径被构建成一条规则。这个规则有一个重要的性质——完备且互斥，其中完备表示每个实例都对应一条规则路径，互斥表示每个实例只有一条规则路径。构建决策树规则路径的依据是条件概率，而条件概率分布被定义在特征空间的一个划分上，决策树的路径就是一个划分单元，决策树分类时将该节点的实例强行分配到条件概率大的类别中。

决策树算法的本质是从训练集中归纳出分类规则，这种分类规则可能一个也没有，可能有很多个，这时需要选择一个与数据集矛盾较小的分类规则，又需要产生很好的泛化效果。决策树的学习过程涉及使用损失函数（通常为正则化的极大似然函数）来表征学习的目标。由于在多项式的非确定性问题中，从众多决策树中选择最佳决策树是一项具有挑战性的任务，无法按照传统方法逐步解决。因此，决策树算法通常通过递归选择特征对数据集进行分割，以达到最优的分类结果。

决策树学习的具体做法是，首先构造根节点，将所有训练集都放到根节点，然后选择一个最优特征，根据最优特征将训练集分割成子集，使训练集在当前情况下有最好的分类。

如果这些子集已经实现了很好的分类，那么就用这些子集构建叶节点；如果这些子集没有实现很好的分类，就继续对其进行分割，构造相应的节点。如此递归进行，直至所有训练集被基本正确分类，或者没有合适的特征可供选择。经过以上学习过程，决策树可能对训练集有了很好的分类效果，但是在未知数据分类方面不一定有很好的分类效果。所以为了避免出现过拟合现象，还需要对生成的树进行"剪枝"，将树变得更简单，以实现更好的泛化效果。

通过以上学习过程看出，构建决策树主要分为以下 3 个部分。

（1）特征的选择：从训练数据中选择一个特征，作为当前节点的分类准则。在此选择过程中，涉及多种量化评估标准，因而导致不同的决策树算法的衍生。

（2）决策树的生成：根据所选特征的评估标准，以递归方式自上而下地生成子节点，一直进行到数据集无法再进行有效划分为止，停止决策树的扩展。递归结构呈现最为直观的树形结构。

（3）剪枝：鉴于决策树容易出现过拟合，通常需要进行剪枝操作，以减小树结构规模并缓解过拟合问题。剪枝技术可分为预剪枝和后剪枝两种。

下面介绍一个简单的案例，方便大家进一步理解决策树。

假如我们周末想去看一部爱情主题的电影，电影的票价不能超过 100 元，并且评分比较高，那么会在下述电影中选择哪一部呢？电影数据见表 3-4。我们来看决策树的特征选择过程：先对电影类型进行选择，电影类型分为爱情片、动作片和未知。选择爱情片后，预选电影剩下《罗马假日》《泰坦尼克号》《爱乐之城》。下一个特征为是否在周末上映，选择周末上映后预选电影还有《泰坦尼克号》和《爱乐之城》。下一个特征为价格不超过 100 元，则预选电影还是《泰坦尼克号》和《爱乐之城》。最后选择评分较高的电影，确定《泰坦尼克号》。

表 3-4　电影数据

电影名称	电影类型	电影放映日期	电影价格	电影评分
《罗马假日》	爱情片	周一	99	99
《泰坦尼克号》	爱情片	周日	98	98
《爱乐之城》	爱情片	周六	89	78
《海王》	动作片	周六	88	78
《蜘蛛侠》	动作片	周四	98	88
《毒液》	动作片	周日	89	89
《钢铁侠》	未知	周六	19	100

如果我们觉得最终生成的这部电影符合我们的期望，那么我们的判定流程就是对的，也就是说这个决策树的生成正确。假如我们觉得电影价格不能作为特征，把电影价格特征去除，就叫作决策树的剪枝，经过剪枝，整棵树会变矮。

通过上面的讲解我们可以看出，决策树算法操作简单、容易理解，且仅需要准备很少的数据。而其他算法通常需要进行数据归一化，创建虚拟变量，并删除空值。但决策树算法在执行过程中不能很好地推广数据并容易生成过于复杂的树，造成过拟合，且决策树不稳定，数据发生的小变化可能会导致产生完全不同的结果。

3.5.2 选择最优特征

通过上文的介绍我们可以发现，决策树的生成过程涉及选取特征将目标数据进行划分。而选取有效的特征构建决策树是影响决策树模型质量的关键因素，可见选择特征的关键是选择具有分类能力的特征，如果利用某一特征进行分类与随机分类没有区别，则这个特征就不具备分类能力。选择哪个特征更好？这就需要一个选择特征的准则，通常选择特征的准则有信息增益与信息增益比。在介绍信息增益前，先介绍熵与条件熵的概念。

熵常用在信息论和概率统计中，是一种表示随机变量不确定性的度量。设 X 为一个取有限个值的离散随机变量，其概率分布计算式为

$$P(X = x_i) = p_i \qquad i = 1, 2, \cdots, n \tag{3-14}$$

则离散随机变量 X 的熵计算式为

$$H(X) = -\sum_{i=1}^{n} p_i \log p_i \tag{3-15}$$

从上式能看出熵与 X 的取值无关，只依赖于 X 的分布，所以 X 的熵也可以写为

$$H(p) = -\sum_{i=1}^{n} p_i \log p_i \tag{3-16}$$

对于式（3-16）有：若 $p_i = 0$，则定义 $0 \times \log 0 = 0$。对数以 2 为底，熵的单位为比特。对数以 e 为底，熵的单位为纳特，易验证，$0 \leqslant H(p) \leqslant \log n$。随机变量 (X, Y) 的联合概率分布为

$$P(X = x_i, Y = y_i) = p_{ij} \qquad i = 1, 2, \cdots, n; \ j = 1, 2, \cdots, m \tag{3-17}$$

条件熵 $H(Y|X)$ 就表示在已知随机变量 X 的条件下随机变量 Y 的不确定性。在条件 X 下，Y 的条件概率分布的熵对 X 的数学期望为

$$H(Y \mid X) = \sum_{i=1}^{n} P(X = x_i) H(Y \mid X = x_i) \tag{3-18}$$

可见，信息增益就表示在得知特征 X 的条件下类别 Y 的不确定程度。

1．信息增益

熵 $H(X)$ 与条件熵 $H(Y|X)$ 之差叫作互信息，在决策树学习中信息增益就等价于训练集中类与特征的互信息。训练数据集 D 和特征 A 的信息增益可以表示为

$$g(D,A) = H(D) - H(D \mid A) \tag{3-19}$$

前面说过，决策树以正则化的极大似然函数作为损失函数，概率不是确定的，而是通过似然函数估计出来的，所以此时的熵 $H(D)$ 和条件熵 $H(D|A)$ 分别叫作经验熵和经验条件熵。信息增益作为一种特征选择方法，涉及计算训练集中的每个特征的信息增益，并比较大小，以选择信息增益最大的特征。信息增益选择过程：输入训练集 D 和特征 A；输出特征 A 对训练集 D 的信息增益 $g(D,A)$。

（1）设有 k 个类 C_k（$|C_k|$ 表示样本个数），训练集 D 的经验熵 $H(D)$ 的计算式为

$$H(D) = -\sum_{i=1}^{K} \frac{|C_k|}{|D|} \log_2 \frac{|C_k|}{|D|} \tag{3-20}$$

（2）特征 A 对训练集 D 的经验条件熵 $H(D|A)$ 的计算式为

$$H(D \mid A) = \sum_{i=1}^{n} \frac{|D_i|}{|D|} H(D_i) = -\sum_{i=1}^{n} \frac{|D_i|}{|D|} \sum_{k=1}^{K} \frac{|D_{ik}|}{|D|} \log_2 \frac{|C_{ik}|}{|D_i|} \tag{3-21}$$

（3）信息增益的计算式为

$$g(D,A) = H(D) - H(D \mid A) \tag{3-22}$$

2．信息增益比

以信息增益作为划分训练集的特征，存在偏向于选择取值较多的特征的问题。为了纠正这个问题，可以使用信息增益比，其表达式为

$$g_R(D,A) = \frac{g(D,A)}{HA(D)} \tag{3-23}$$

其中，$HA(D) = -\sum_{i=1}^{n} \frac{|D_i|}{|D|} \log_2 \frac{|D_i|}{|D|}$，$n$ 表示特征 A 取值的个数。

信息增益比的本质是在信息增益的基础上乘以一个惩罚参数。特征个数较多时，惩罚参数较小；特征个数较少时，惩罚参数较大。不过，信息增益比会偏向于选择取值较少的特征，所以就有了一种表示样本纯度的方法。

3.6　集成学习算法

上文讲述的都是用于分类的单个模型，但仅用单个模型进行分类有时达不到预想的效果，集成学习应运而生。集成学习，简单来说就是先通过一定的规则生成多个学习器，再采

用某种集成策略进行组合、综合判断，输出最终结果。一般而言，集成学习中的多个学习器都是同质的"弱学习器"。基于这些弱学习器，人为通过设置样本集扰动、输入特征扰动、设置参数扰动等方式生成多个模型，进而集成后获得一个精度较好的"强学习器"。

与单个弱学习器相比，集成学习器通常在准确率和对噪点的抗干扰性上更优，但是效率要低一些，所以有时候也在集成算法中用一些相对较"强"的学习器，以提高算法效率。最常见的集成学习算法有 Bagging 和 AdaBoost（自适应增强），其中随机森林是典型的 Bagging 算法。下面将重点介绍随机森林和 AdaBoost 两种算法来表述集成学习。

3.6.1 随机森林算法

随机森林算法常用于处理分类、回归等问题。单一的分类器大多很难保证分类性能始终最优，而 Bagging 算法利用只适合某种特定类型数据的单一分类器构建集成模型，并通过投票方法从这些分类器的结果中选择最优结果。因此 Bagging 算法相较于单一分类器具有更好的泛化能力和鲁棒性。随机森林是一种集成分类器，由多个独立的决策树组成，其输出类别取决于各个决策树输出类别的众数。该方法在相同的训练数据上构建多个独立的决策树分类模型，然后通过投票的方式，按照少数服从多数的原则来确定最终的分类决策。

例如，你训练了 5 棵决策树，其中有 4 棵决策树的结果是 True，1 棵决策树的结果是 False，那么最终结果会是 True。在构造随机森林模型的流程中，每一个节点都随机选择分裂属性。由于随机森林在进行节点分裂时，不是所有的属性都参与属性指标的计算，而是随机地选择某几个属性参与比较。这使决策树之间的相关性减小，同时提升了每棵决策树的分类精度。随机森林模型的训练步骤如图 3-9 所示。

图 3-9　随机森林模型的训练步骤

步骤 1：如果有 N 个样本，则有 N 个放回的随机选择样本（每次随机选择一个样本，然后返回继续选择）。选择好的 N 个样本用于训练一棵决策树，作为决策树根节点处的样本。

步骤 2：每个样本包含 M 个属性，当决策树的每个节点需要分裂时，从这 M 个属性中随机选取 m 个属性，其中 $m \ll M$。然后采用某种策略（如信息增益）从这 m 个属性中选择 1 个作为该节点的分裂属性。

步骤 3：在决策树的形成过程中，每个节点都按照步骤 2 来分裂。如果下一次选择的属性恰好是其父节点分裂时已经使用过的属性，则该节点已经达到叶节点，不需要继续分裂了。在整个决策树形成过程中没有进行剪枝。

步骤 4：重复步骤 1～步骤 3，建立大量的决策树，形成随机森林。每棵决策树都是通过不同的随机抽样和属性选择得到的。

一般情况下，决策树的构建过程会根据每个特征对预测结果的影响程度进行排序，以确定不同特征从上至下构建分裂节点的顺序。然而，在随机森林的构建过程中，采用这种固定排序算法可能导致决策树之间存在完全一致的结构，从而失去多样性。为避免出现这一问题，在构建随机森林中的每一棵决策树时都不再采用固定的排序算法，而是随机选择特征，以确保各个决策树具有差异性。本身随机森林就具有很高的精确度并且训练速度快，因为随机性的引入，随机森林更不容易过拟合且具有很强的抗噪能力。随机森林能够处理高纬度的数据，所以不需要选择特征。其既能处理离散型数据也能处理连续型数据，数据集不需要规范化。但是随机森林模型有很多不好解释的地方，有点像黑盒模型。

3.6.2 AdaBoost 算法

AdaBoost 算法是一种迭代算法，其核心思想基于集成学习，针对同一个训练集训练多个不同的弱分类器，并将它们集合成一个更强的最终分类器（强分类器）。该算法的自适应性在于：前一个分类器分错的样本会被用于训练下一个分类器。AdaBoost 算法对噪声数据和异常数据具有较高的敏感性，相对于大多数其他学习算法而言，不容易发生过拟合现象。虽然 AdaBoost 算法使用的弱分类器可能很弱（如错误率很高），但只要它的分类效果略优于随机分类器（如在两类问题中错误率略低于 0.5），就能够改善最终模型。值得注意的是，即使弱分类器的错误率高于随机分类器，它们仍然具有一定的用处，因为在最终得到的多个分类器的线性组合中，赋予它们负系数也能提升整体分类效果。AdaBoost 算法流程示意如图 3-10 所示。

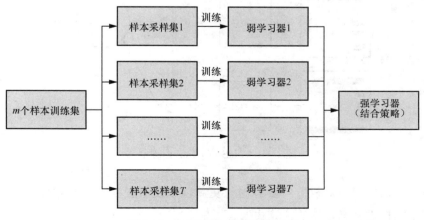

图 3-10　AdaBoost 算法流程示意

AdaBoost 算法与 Bagging 算法的不同之处在于其弱学习器的迭代方式。AdaBoost 算法中的弱学习器并非并行，而是线性的，在每一轮迭代中加入一个新的弱分类器，直至达到预定的足够低的错误率。在该算法中，每个训练样本都被赋予一个权重，该权重反映了被某个分类器选入训练集的概率。如果某个样本已被准确分类，则在构造下一个训练集时，其被选中的概率降低；相反，如果某个样本未被准确分类，则其权重增加。通过这种方式，AdaBoost 算法能够聚焦于难以分类的样本。在具体实现上，初始时每个样本的权重相等，每次迭代根据权重选择样本点，训练分类器 C_k。然后根据该分类器提高被错误分类样本的权重，降低正确分类样本的权重。随后，更新权重的样本集用于训练下一个分类器 C_k。如此迭代，形成整个训练过程。

错误率 ε 的具体定义为

$$\varepsilon = \frac{\text{未被正确分类的样本数目}}{\text{所有样本数目}} \tag{3-24}$$

而权重 α 的计算式为

$$\alpha = \frac{1}{2}\ln\left(\frac{1-\varepsilon}{\varepsilon}\right) \tag{3-25}$$

AdaBoost 算法训练示意如图 3-11 所示，图中最左边是数据集，其中横向条形图的长度表示每个样例上的权重差异。经过若干个分类器后，加权的预测结果会通过三角形中的 α 值进行加权。每个三角形中输出的加权结果在圆形中求和，从而得到最终的输出结果。

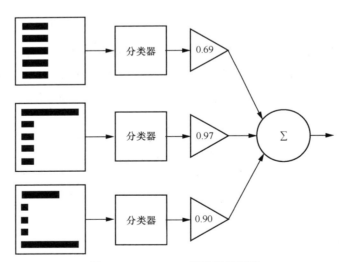

图 3-11　AdaBoost 算法训练示意

计算出 α 值后，可以对权重向量 $\boldsymbol{D}$ 进行更新，以使那些被正确分类的样本的权重降低，被错分的样本的权重升高。$\boldsymbol{D}$ 的计算式为

$$D_t^{(t+1)} = \frac{D_t^t e^{-\alpha}}{\text{sum}(D)} \tag{3-26}$$

而如果某个样本被错分，那么该样本的权重计算式可以更改为

$$D_t^{(t+1)} = \frac{D_t^t e^{\alpha}}{\text{sum}(D)} \tag{3-27}$$

计算出 D 后，AdaBoost 算法又开始进入下一轮迭代。AdaBoost 算法会不断重复训练和调整权重的过程，直到训练错误率为 0 或者弱分类器的数目达到用户的指定值为止。

从理论上讲，AdaBoost 算法能够用于构建集成学习模型的任何学习器。然而，在 AdaBoost 算法的训练过程中，难以分类的样本的权重值呈指数增长，导致训练过于偏向这类样本，使该算法对噪声干扰较为敏感。此外，AdaBoost 算法依赖于弱分类器，而弱分类器的训练时间通常较长。然而，AdaBoost 算法也具有一些优点。作为分类器时，其分类精度很高，可使用各种回归分类模型构建弱学习器。当作为简单的二元分类器时，构造简便，结果易于理解，且不容易发生过拟合现象。

3.7　项目实践：水果分类

本节使用 K 近邻查询算法实现对水果的自动分类。代码和步骤如下。

（1）导入所需库并读取数据。

```
# 导入数据处理库
import numpy as np
import pandas as pd
import seaborn as sns
import matplotlib.pyplot as plt
from sklearn.model_selection import train_test_split
fruits = pd.read_table ('shuiguo.txt')
fruits.head ()
fruits = pd.read_csv ('shuiguo.txt',sep='\t')
fruits.head ()
```

（2）对数据进行探索性分析。

```
fruits.fruit_name.unique ()
fruits.fruit_label.unique ()
fruits.fruit_subtype.unique ()
# 其中 fruit_name 字段和 fruit_label 字段是对应的分别是文字标签和数字标签，都属于标签字段，如果有
需要也可以将这两个字段的类别一一对应
dict1=dict (zip (fruits.fruit_name.unique (),fruits.fruit_label.unique ()))
fruits.groupby ('fruit_label').size ()
```

```
# 进一步通过分组计数的结果进行绘图，也可以通过封装好的 countplot 方法进行绘制
plt.figure (figsize= (8,6))
sns.countplot (fruits.fruit_label)
# 通过指定 kind='box' 自动对数值字段进行绘制，但是其中的 fruit_label 字段也被加进来，故绘制之前应
该将此字段剔除，建议采用重新赋值的方式创建新的数据
df2=fruits.drop ('fruit_label', axis=1)
df2.plot (kind='box',subplots=True)
```

采用该方法，将待分类的字段填入括号中，就可以出现字段中分类的柱状统计情况，如图 3-12 所示。

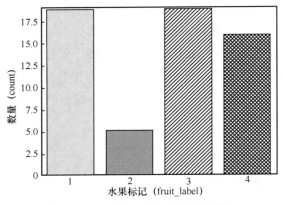

图 3-12　水果分类柱状统计情况

（3）创建与应用模型。

```
# 构建特征数据和标签数据，其中特征数据选取最后四列的连续字段，而标记数据选择数值标签的字段，然后进行
训练数据和测试数据的划分
X = fruits[['mass', 'width', 'height', 'color_score']]
y = fruits['fruit_label']
X_train, X_test, y_train, y_test = train_test_split (X, y, random_state = 0)
# 数据准备完毕，创建与应用模型
from sklearn.neighbors import KNeighborsClassifier
knn = KNeighborsClassifier (n_neighbors = 5)
knn.fit (X_train, y_train)
knn.score (X_test, y_test)
```

需要注意一个客观的事实：当前的分类任务涉及 4 种类别，因此猜测预期的准确率为 25%。目前采用 K 近邻查询算法进行预测，所得得分为 53.33%。尽管与盲猜相比，模型分类结果明显改善，然而实际上只有一半的预测概率是准确的，这一概率相对较低。产生这一现象的根本原因在于数据本身不容易通过肉眼分割，因此直接使用模型也难以获得令人满意的分割效果。

在二维的界面中很难进行数据区分，那么我们可以尝试在三维界面中区分数据，代码如下。水果分类三维界面如图 3-13 所示。

```
from mpl_toolkits.mplot3d import Axes3D
%matplotlib notebook
fig = plt.figure (figsize= (6,6))
ax = fig.add_subplot (111, projection = '3d')
ax.scatter (X_train['width'], X_train['height'], X_train['color_score'], c = y_train,
marker = 'o', s=100)
ax.set_xlabel ('width')
ax.set_ylabel ('height')
ax.set_zlabel ('color_score')
plt.show ()
```

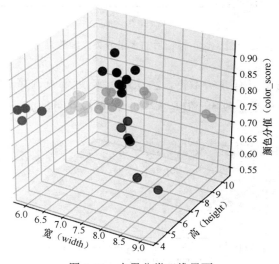

图 3-13　水果分类三维界面

　　因为苹果和橘子在数据上非常接近，所以在可视化状态下数据难以区分。为了解决这一问题，必须标记出不可分的数据，创建一个备份数据，处理完毕重新绘制分类散点图。相关代码如下。

```
new_df = fruits.loc[ (fruits['fruit_name']=='apple' ) |
                     (fruits['fruit_name']=='orange' )]
new_df.head ()
new_df.shape
fruits.loc[ (fruits['fruit_name']=='apple' ) |
                  (fruits['fruit_name']=='orange' ),['fruit_label']]=1
len (fruits.loc[ (fruits['fruit_name']=='apple' ) |
                  (fruits['fruit_name']=='orange' )])
fruits.loc[ (fruits['fruit_name']=='apple' ) |
            (fruits['fruit_name']=='orange' ),['fruit_name']] = ['Class2']
fruits.shape
print (fruits.groupby ('fruit_name').size ())
```

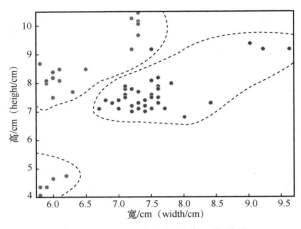

图 3-14　标记后的水果分类二维效果

从图 3-14 中可以看出只有 3 类数据，再次进行 K 近邻查询算法模型的创建。K=3 时模型得分和 K=5 时模型得分是一致的，但是 K=4 时模型得分明显提升，代码如下。分数展示如图 3-15 所示。

```
from sklearn.neighbors import KNeighborsClassifier
knn = KNeighborsClassifier (n_neighbors = 5)
knn.fit (X_train, y_train)
knn.score (X_test, y_test)
```

In[46]:
```
1  knn=KNeighborsClassifier(n_neighbors=4)
2  knn.fit(X_train,y_train)
3  knn.score(X_test,y_test)
```
Out[46]:　0.9333333333333333

In[47]:
```
1  knn=KNeighborsClassifier(n_neighbors=3)
2  knn.fit(X_train,y_train)
3  knn.score(X_test,y_test)
```
Out[47]:　0.7333333333333333

图 3-15　分数展示

（4）绘制决策边界。

直接调用封装的函数，指定 K=4，然后绘制结果，代码如下。分类效果如图 3-16 所示。

```
from adspy_shared_utilities2 import plot_fruit_knn
plot_fruit_knn (X_train, y_train, 4, 'uniform')


def plot_fruit_knn (X, y, n_neighbors, weights):
    X_mat = X[['height', 'width']].values
    y_mat = y.values
    cmap_light = ListedColormap (['#FFAAAA', '#AAFFAA', '#AAAAFF','#AFAFAF'])
```

```
cmap_bold = ListedColormap (['#FF0000', '#00FF00', '#0000FF','#AFAFAF'])
clf = neighbors.KNeighborsClassifier (n_neighbors, weights=weights)
clf.fit (X_mat, y_mat)
mesh_step_size = 0.01
plot_symbol_size = 50
x_min, x_max = X_mat[:, 0].min () - 1, X_mat[:, 0].max () + 1
y_min, y_max = X_mat[:, 1].min () - 1, X_mat[:, 1].max () + 1
xx, yy = numpy.meshgrid (numpy.arange (x_min, x_max, mesh_step_size),
                    numpy.arange (y_min, y_max, mesh_step_size))
Z = clf.predict (numpy.c_[xx.ravel (), yy.ravel ()])
Z = Z.reshape (xx.shape)
plt.figure ()
plt.pcolormesh (xx, yy, Z, cmap=cmap_light)
plt.scatter (X_mat[:, 0], X_mat[:, 1], s=plot_symbol_size, c=y, cmap=cmap_bold,
edgecolor = 'black')
plt.xlim (xx.min (), xx.max ())
plt.ylim (yy.min (), yy.max ())
patch0 = mpatches.Patch (color='#FF0000', label='Class2')
patch1 = mpatches.Patch (color='#00FF00', label='mandarin')
patch3 = mpatches.Patch (color='#AFAFAF', label='lemon')
plt.legend (handles=[patch0, patch1,  patch3])
plt.xlabel ('height/cm')
plt.ylabel ('width/cm')
plt.show ()
```

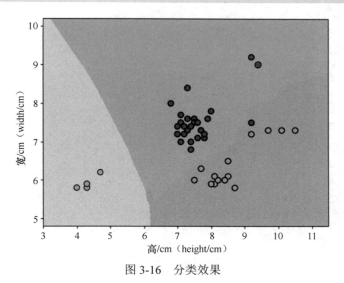

图 3-16　分类效果

从图 3-16 可以看到，测试集上的分类结果基本符合真实值的分类情况。说明 K 近邻查询算法在具有一定规律和平稳性的数据集上可以取得较好的分类效果。

习　题

1. 简述 K 近邻查询算法的原理。
2. 分类与回归分别是什么，请指出两者的区别。
3. 简述决策树分类的算法原理。
4. 如何利用贝叶斯方法的思想实现贝叶斯分类？
5. 简述利用随机森林算法分类的方法和流程。

第4章　支持向量机概述

支持向量机（SVM）是一种基于统计学习的二分类模型，是一种监督学习方法，在学习过程中通过最大化分类间隔使结构风险最小。由于出色的学习性能，支持向量机在模式识别、回归估计、函数逼近等领域得到了广泛的应用。

4.1　支持向量机简介

支持向量机给定一组训练实例，每个训练实例被标记为两个类别之一，创建一个新的实例并将其分配给两个类别集合中的一个，使其成为非概率二元线性分类器。支持向量机模型首先将实例表示为空间中的点，这样就使单独类别的实例被尽可能宽的间隔分开。然后将新的实例映射到同一个空间，并基于它们落在间隔的哪一侧来预测所属类别。

要了解什么是支持向量机，首先要明确支持向量是什么。对于这一问题，以二分类的视角来看，支持向量是两个点集的边缘数据点，而在两个点集之间可以找到一个超平面，使这个超平面和最近的边缘数据点之间的间隔最大，这些与超平面最近的数据点则称为支持向量，支持向量与超平面之间的距离称为分类边缘。对于支持向量机模型来说，通常认为分类边缘越大，平面越好。通常定义，具有"最大化分类边缘间隔"的超平面就是支持向量机模型要寻找的最优解。

如图4-1所示，二维数据集中有方形和圆形两类样本，支持向量机的目标就是找到一条直线，将圆形样本和方形样本分开，同时所有样本到这条直线的距离加起来应为全局最大值。

运用运筹学的思想进行求解，可将支持向量机模型问题转化为求解凸二次规划的最优化问题。求解凸二次规划的最优化问题的基本思路：确定目标函数并求解"最大化

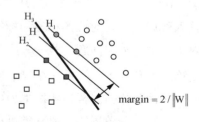

图 4-1　支持向量划分超平面

分类间隔"；确定约束条件，即确定超平面。超平面通常需要满足以下 3 个条件。

（1）超平面能正确分类目标。

（2）超平面应位于间隔区域的中轴线。

（3）超平面可用于确定支持向量。

从广义的角度看，支持向量机是用于分割数据点的超平面，它的位置由支持向量确定，如果支持向量发生了变化，那么超平面的位置也会随之改变。

4.1.1 超平面与线性可分

通常大家熟知的"平面"，一般被定义在三维空间中，即形式为 $Ax + By + Cz + D = 0$。只有当维度大于 3 时，它才被称为"超平面"。以上式为例，在 x、y、z 三个参数中，如果任意确定两个，则第三个参数随之确定。可任意确定取值的未知数数量称为函数的自由度，而超平面的本质就是自由度比空间维度小 1 的函数。

自由度可以被理解为至少给定多少个分量才能确定一个点。例如，在二维空间中，给定两个分量就可以确定一个点。结合线性代数来看，一个空间可以被看作由某些基向量构成的函数。以平面为例，如果需要 2 个基向量才能构成一个平面，即 $\text{span}\{x_1, x_2\}$，则认为这个平面的自由度为 2，即基向量个数就是自由度的值。从线性代数的视角来解释自由度，能够有助于我们对高维状态下的超平面有更深入的理解。

对超平面直观的理解就是，二维平面上的超平面是一条线，三维空间的超平面是一个面。这里给出超平面（I）的定义：$WX + b = 0$。其中，W 和 X 都是 n 维的向量，$X = (x_1, x_2, \cdots, x_n)$ 是超平面上的点，W 为超平面的法向量，$W = (w_1, w_2, \cdots, w_n)$ 代表内积。这里需要说明的是，一个超平面可以将它所在的空间分为两半，它的法向量指向的那一面是它的正面，另一面则是它的反面。

在平面上，如果一条线可以按照数据可分的原则将需要分类的数据划分开，那么这种情况称为线性可分，如图 4-2 所示。也可解释为，如果需要分类的数据都是线性可分的，那么只需要一条直线 $f(x) = wx + b$ 就可以将数据分为不同的类别。

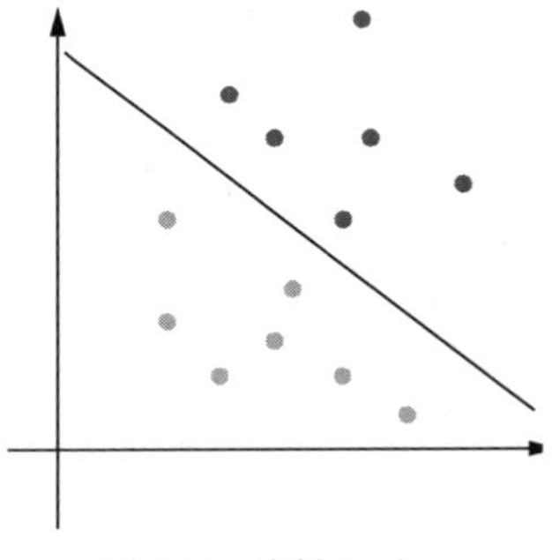

从超平面的角度来看待线性可分。对于一个数据集 $D = \{(x_1, y_1), (x_2, y_2), \cdots, (x_i, y_i)\}$ 来说，(x_i, y_i) 是一个样本，x_i 是输入数据，y_i 是对应的标签（标签只能取 1 和 -1 这两个值）。对于一个二分类问题：若 $y_i = 1$，则称其为正样本；若 $y_i = -1$，

图 4-2　线性可分

则称其为负样本。如果存在一个超平面，能够将数据集 D 的正负样本分开，那么就称数据集 D 是线性可分的。否则数据集 D 就是线性不可分的。

线性可分数据的二值分类机理：系统随机产生一个超平面并移动它，直到训练集中属于不同类别的样本点正好位于该超平面的两侧。显然，这种机理能够解决线性分类问题，但不

能保证产生的超平面是最优的。支持向量机建立的分类超平面能够在保证分类精度的同时，使超平面两侧的间隔最大化，从而实现对线性可分问题的最优分类。

4.1.2　最大化间隔

要达到最好的分类效果，就要找到一个最优的分离超平面，尽可能降低新数据分类的错误率。直白地讲，就是数据集中的样本离这个超平面的距离越远越好。先来看两个定义：函数间隔和几何间隔。

我们将函数间隔定义为 $\gamma = yf(x) = y(\boldsymbol{w}^{\mathrm{T}}x + \boldsymbol{b})$，其中 $\boldsymbol{w} = (w_1, w_2, \cdots, w_i)$ 为法向量，决定超平面的方向；$\boldsymbol{b}$ 为位移向量，决定超平面与原点的距离。y 为类别标签，乘以 $f(x)$ 的值，$yf(x)$ 的值永远大于等于 0，符合距离的概念。那么为什么 $yf(x)$ 的值可以表示数据点到超平面的距离呢？大家不妨这样想，假设 $y = 1$，$f(x) = 1$ 其实就是将原来的分类超平面 $f(x)$ 向右平移了 1 个单位，而 $y = 1$，$f(x) = 2$ 是将原来的分类超平面 $f(x)$ 向右平移了 2 个单位，所以 $f(x)$ 值越大的点到分类超平面的距离越远。

几何间隔的定义：对于任意一个超平面 $\boldsymbol{w}_i + \boldsymbol{b} = 0$ 以及点 (x_i, y_i)，$\gamma_i = \dfrac{y_i(\boldsymbol{w}^{\mathrm{T}}x_i + \boldsymbol{b})}{||\boldsymbol{w}||}$，实际上就是计算点到平面的距离公式。当 $\boldsymbol{w}$、$\boldsymbol{b}$ 成比例变化时，函数间隔也会成比例变化，而几何间隔是不变的。

寻求最大化间隔时，要考虑几何间隔最大化，式（4-1）将求解间隔最大化的超平面问题变成求解带约束的优化问题。

$$\begin{cases} \max_{w,b} r \\ \dfrac{y_i(\boldsymbol{w}^{\mathrm{T}}x_i + \boldsymbol{b})}{||\boldsymbol{w}||} > r \qquad i = 1, 2, \cdots, n \end{cases} \tag{4-1}$$

4.2　核函数

在某些情况下，当前维度的数据由于结构化不足或其他问题，在低维视角中无法被分类。将其映射到更高维的空间后，数据可以变得更容易分离或更好实现结构化。将数据映射到高维最为直接的方式是使用多项式进行映射，但多项式在过高的维度上存在计算量大的问题。核函数作为多项式方法的替代将数据映射到高维的空间，图 4-3 展示的是二维特征被映射到三维空间后的可分状态。核函数的应用给分类任务提供了新的方法，但是核函数的使用也有很大的局限性。对核函数的映射形式如果没有约束，可能导致无限维空间的高维爆炸。当然它的优点也很明显，那就是这种映射函数几乎不需要计算，是在低维空间计算高维空间内积的一个重要工具。核函数是一个非常有趣和强大的工具，提供了一个从线性到非线性的连接。

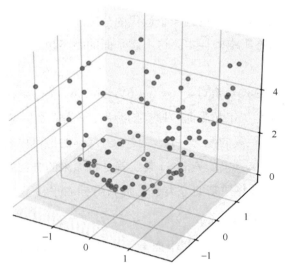

图 4-3　二维特征被映射到三维空间后的可分状态

超平面函数可以由两个向量之间的内积表示，而使用核函数的本质是用一些其他合适的特征空间替换这个内积。这样做的原因是，无论使用怎样的内积，它都要能被核函数替代。一般的核函数表示特征空间中内积的形式为 $K(x,y) = <\varphi(x), \varphi(y)>$。将变量 x 和 y 映射到新空间，对应的映射函数分别为 $Q(x)$ 和 $Q(y)$，它们的内积则为 $<Q(x), Q(y)>$。使用核函数可以只把由核函数计算后的结果携带到更高维空间中，而不将样本显式映射到高维空间中。这种方式是非常可取的，因为有时高维特征空间甚至可以是无限维的，这意味着若将样本完整映射不可能计算出结果。

Mercer 定理定义了核函数：任何半正定的函数都可以作为核函数。半正定的函数 $f(x_i, x_j)$ 是指，拥有训练数据集合 $(x_1, x_2, \cdots, x_n)$，定义一个矩阵的元素 $a_{i,j} = f(x_i, x_j)$，这个矩阵是 $n \times n$ 式的，如果这个矩阵是半正定的，那么 $f(x_i, x_j)$ 叫作半正定的函数。Mercer 定理不是核函数的必要条件，只是一个充分条件，即不满足 Mercer 定理的函数也可以是核函数。核函数必须是连续的、对称的，最优选的核函数应当具有正定 Gram 矩阵。满足 Mercer 定理的核是半正定数，意味着它们的核矩阵只有非负特征值。使用半正定的内核可以确保优化问题是凸的，也就是可以确定解决方案是唯一的。然而，许多并非严格定义的核函数在实践中表现得也很好。例如 Sigmoid 内核，它对于其参数的某些值而言不是半正定的。内核可以通过不同特征进行分类。从旋转和比例不变性上看，内核可以分为各向异性静止内核、各向同性静止内核。各向异性静止内核在方向上具有不同的权重，各向同性静止内核则对所有方向具有相同的权重。此外，内核也可以被标记为规模不变的内核或规模依赖的内核。规模不变的内核指的是那些在输入数据的大小或尺度上保持恒定的内核。保持恒定的属性使它们在处理缩放不变的数据时特别有用。规模依赖的内核则会在输入数据的大小或尺度上有所变化。

核函数的选择对于支持向量机性能的表现有至关重要的作用，尤其是针对那些线性不可分的数据。核技巧的目的是将输入空间内线性不可分的数据映射到一个高维特征空间内，使数据在特征空间内是可分的。从输入空间到特征空间的这种映射会使维度呈爆炸式增加，因此通常我们会构造一个核函数避免在特征空间内进行运算，只在输入空间内就可以完成特征空间的内积运算。通过上面的描述可知，要想构造核函数，我们首先要确定输入空间到特征空间的映射，明确输入空间内数据的分布情况，但大多数情况下，我们并不知道自己处理的数据的具体分布，故一般很难构造出完全符合输入空间的核函数。因此，我们常用以下几种核函数，而不再需要自己构造核函数。

（1）线性核函数：$k(\boldsymbol{x}_i, \boldsymbol{x}_j) = \boldsymbol{x}_i^{\mathrm{T}} \boldsymbol{x}_j$，$\boldsymbol{x}_i$、$\boldsymbol{x}_j$ 为样本分量。线性核函数主要用于线性可分的情况，此时特征空间到输入空间的维度是一样的。线性核函数的参数数量少、计算速度快，对线性可分数据，分类效果很理想。

（2）多项式核函数：$k(\boldsymbol{x}_i, \boldsymbol{x}_j) = (\boldsymbol{x}_i^{\mathrm{T}} \boldsymbol{x}_j)^d$，$d \geqslant 1$，$d$ 为多项式次数。多项式核函数可以实现将低维的输入空间映射到高维的特征空间，但是多项式核函数的参数数量多。当多项式的阶数比较大时，核矩阵的元素值将趋于无穷大或者无穷小，计算复杂度会大到无法计算。

（3）高斯核函数：$k(\boldsymbol{x}_i, \boldsymbol{x}_j) = \exp\left(-\dfrac{\|\boldsymbol{x}_i - \boldsymbol{x}_j\|^2}{2\delta^2}\right)$，$\delta > 0$，$\delta$ 为高斯核带宽。高斯核函数是一种局部性强的核函数，可以将一个样本映射到一个更高维的空间内。该核函数得到了广泛的应用，无论是对于大样本还是小样本来说，都有比较好的性能，而且相对于多项式核函数，其参数数量要少。因此在不知道用什么核函数时，优先使用高斯核函数。

（4）Sigmoid 核函数：$k(\boldsymbol{x}_i, \boldsymbol{x}_j) = \tanh(\vartheta \boldsymbol{x}_i^{\mathrm{T}} \boldsymbol{x}_j + \theta)$，tanh 为双曲正切函数，$\vartheta > 0$，$\theta < 0$。使用 Sigmoid 核函数时，可以认为支持向量机的处理数据流程与多层神经网络基本一致。

因此，选用核函数时，如果我们对数据有一定的先验知识，就利用先验知识来选择符合数据分布的核函数；如果不具备先验知识，通常使用交叉验证的方法来试用不同的核函数，误差最小的核函数即效果最好的核函数，或者将多个核函数结合起来，形成混合核函数。核函数的选择思路：如果特征的数量多到和样本数量差不多，则选用线性核函数；如果特征的数量少，样本的数量正常，则选用高斯核函数；如果特征的数量少，而样本的数量很多，则需要手动添加一些特征从而使当前情况变成第一种情况。

4.3　多分类处理

使用支持向量机进行多分类处理时，一般有以下几种方法。一是将 k 类多分类问题转变为 k 个二分类问题，构造 k 个二分类器，每个分类器将其中一个类别与其他所有类别区分开。二是构造所有可能的二分类器，每个分类器将两个不同的类别区分开。这样，对于 k 个类别，会构造 $k(k-1)/2$ 个二分类器。在分类时，采用投票法将多个二分类器的输出组合在一起实现多类分类。

4.3.1　"1-a-r" 方法

对于 k 类多分类问题，使用 "1-a-r" 方法需要构造 k 个用于区分其中一个类别与其他所有类别的二分类支持向量机。在分类时，将未知样本分到具有最大分类决策函数值的类别中，即采用"最大输出法"将多个二分类器的输出组合在一起，实现多分类。"1-a-r"方法的分类示意如图 4-4 所示，图中的 3 种符号分别代表 3 个不同的类别。

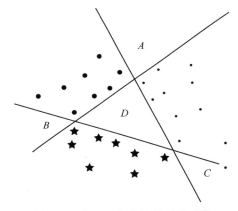

图 4-4　"1-a-r" 方法的分类示意

"1-a-r" 方法因易于实现而得到了广泛的应用，但是，它也存在以下缺点。

① 存在不可识别区域。如在图 4-4 中，A、B、C、D 是不可识别区域，它们属于集成边界，其的类型是未知的。

② 在每个向量机上全量训练所有数据，训练样本的重复训练率高，训练速度慢。

③ 分类时需要计算所有独立的支持向量机的函数值，计算量大。

④ 各个支持向量机的样本分布不均衡，在进行单一支持向量机分类时，支持向量机在结果上会倾向于高比例样本，因此它对分类样本的质量要求较高。

4.3.2　树形支持向量机多分类方法

多分类问题和二分类问题之间存在一定的对应关系：如果一个分类问题 N 类可分，则这 N 类中的任何两类间一定可分；反之，在一个 N 分类问题中，如果我们已知其任意两两可分，则可以通过一定的组合法则，由两两可分实现 N 类可分。由二叉树的性质可知：对任何一棵二叉树，如果其叶节点个数为 N_0，度为 2 的叶节点个数为 N_2，则有 $N_0 = N_2 + 1$。二叉树如果没有度为 1 的叶节点，则是一棵正则二叉树。设对 N 类样本构造一棵二叉树，则树的每个叶节点对应一个类别，每个度为 2 的非叶节点对应一个子支持向量机分类器。决策树共有 $2N-1$ 个节点，叶节点个数为 N，子支持向量机分类器个数为 $N-1$。在支持向量机多分类方法中，每一类的识别被看成一个独立的二分类问题。若目标为 M 类，记为 $L = \{a_1, a_2, \cdots, a_M\}$。设属于 a_i 的目标个数为 N_i，以任何一类 a_i 为例，训练正例是该类所包含的全部目标，而训练反例是在训练集中不属于该类的其他目标。

树形支持向量机的基本思想是从根节点开始，随机将待划分的节点划分为两个子类之一，然后对两个子类进行进一步划分，如此循环，直到其被划分到叶节点上。这样，就得到了一棵横向的"二叉树"。最后，在二叉树各子节点上训练与验证各个层次的支持向量机，实现对待识别样本的分类。树形支持向量机多分类方法的主要优点是需要训练的支持向量机的数目和训练样本数目都较少，并且分类时也不必遍历所有的支持向量机分类器，具有较快的训练速度和分类速度。

4.3.3　决策树支持向量机多分类器

决策树是树形支持向量机的变体。在分类任务中，决策树通过构建一棵树形结构，将输入特征按照一定的规则进行划分，从而分开不同类别的样本。决策树算法简单易懂，这种方式保证了进行支持向量机训练时，样本已经按照某种规则完成划分，极大提高了训练效率。

具有层次结构的决策树支持向量机中各训练集合的构成不同，训练所用的样本数量逐次降低，减少了训练时间，测试按照层次完成。每次构造分类器时，优先选择训练样本数量最多的类别的训练数据作为当前分类器的训练正例，剩余类别的训练数据作为分类器的训练反例，构造最优决策树，从而可以迅速缩小训练集的规模，提高训练效率。

4.4　结构风险分析

支持向量机是建立在统计学习的结构风险最小原理和 VC 维理论基础上的。结构风险由经验风险和置信风险组成。经验风险是指训练好的分类器，对训练样本重新分类得到的误差，即样本误差。置信风险是指分类器对未知样本进行分类得到的误差。VC 维是指将 N 个点进行分类，如果分成两类，那么可以有 2^N 种分法，即可以理解成有 2^N 个问题。若存在一个假设 H，能准确无误地将 2^N 个问题进行分类。那么这些点的数量 N，就是 H 的 VC 维。举例来说，在平面上对 3 个点进行线性划分，其 VC 维是 3。更一般地，在 γ 维空间中，线性决策面的 VC 维为 $\gamma + 1$。

在结构风险中，置信风险对其有较大的影响。置信风险的影响因素包括训练样本数目和分类函数的 VC 维。训练样本数目越多，置信风险就越小；VC 维越大，问题的解的种类就越多，推广能力就越差，置信风险也就越大。因此，增加样本数目，降低 VC 维，才能降低置信风险。而在一般的分类函数中，通常需要提高 VC 维，即样本的特征数据量，来降低经验风险。如此就会导致置信风险变高，结构风险也相应变高。

结构风险最小化（SRM）是为了防止过拟合而被提出来的策略，在贝叶斯估计中，最大后验概率估计就是结构风险最小化的一个例子。当模型呈条件概率分布、损失函数是对数损失函数、模型复杂度由模型先验概率表示时，结构风险最小化等价于最大后验概率估计。有监督学习问题变成经验风险或结构风险函数的最优化问题，这时经验风险或结构风险函数是最优化的目标函数。结构风险最小化要同时考虑经验风险与结构风险，从而在小样本情况下，取得比较好的分类效果。做到在保证分类精度（经验风险）的同时，降低学习机器的 VC 维，才可以使学习机器在整个样本集上的期望风险得到控制。

支持向量机之所以成为目前比较常用、效果好的分类器，是因为其具备优秀的泛化能力，其本身的优化目标是使结构风险最小，而不是使经验风险最小。对边界间隔概念的描述：指出了支持向量机运行的基础是寻找一条或多条类别边界线。支持向量机也并不是在任何场景都比其他算法有效，每种应用最好尝试多种算法，然后评估结果。例如，支持向量机在邮件分类上，通常效果不如逻辑回归、K 近邻查询算法的分类效果好。

4.5 项目实践：猫分类器

方向梯度直方图（HOG）是一种在计算机视觉和图像处理中用于进行物体检测的特征描述器。HOG 特征结合 SVM 分类器已经被广泛应用于图像识别。HOG+SVM 算法的理论依据是，在一幅图像中，局部目标的表象和形状能够被梯度或边缘的方向密度分布很好地描述，且区分度很高。算法的步骤：首先将图像分割成小的连通区域；然后采集各部分像素点的梯度或边缘的 HOG，把 HOG 组合起来构成图片的特征描述；最后将计算各 HOG 在这个区间中的密度，并根据这个密度对区间中的各个连通区域进行对比度归一化。

本节使用 OpenCV 工具包，结合 HOG+SVM 算法实现一个猫图片分类器。目标是训练分类器来判断任意图片是不是猫咪。在实战前，首先需要计算提供的图像的 HOG 值，将图片向量化，并在所有向量上进行间距计算，找到最大间距的分类超平面，实现数据分类。

4.5.1 实践准备

（1）打开终端，通过 pip 包管理器安装 Python 的 NumPy 包，下载并安装 OpenCV 的相关依赖。遇到是否安装的询问时，输入 y，按"Enter"键继续安装。安装时间可能较长，我们需要考虑网络状态。

```
$ sudo pip install numpy
$ sudo apt-get install python-opencv
```

（2）使用 unzip 命令将图片解压到当前目录下。数据共 3 组，分别是含有猫的图片，没有猫的图片，以及用于测试支持向量机分类器的数据集。

```
$ unzip cat.zip
$ unzip other.zip
$ unzip predict.zip
```

得到数据后，将图片的像素调整到模型需要的大小，以方便输入分类器。将大图片裁剪成固定像素的小图片的程序如下。使用程序时，需要用一个本地存在的路径来替换输出路径。

```
# -*- coding: utf-8 -*-
import numpy as np
import cv2
from os.path import dirname, join, basename
from glob import glob

num=0
# 使用 OpenCV 裁剪并保存图片
for fn in glob(join(dirname(__file__)+'\other', '*.jpg')):
    img = cv2.imread(fn)
res=cv2.resize(img,(64,128),interpolation=cv2.INTER_AREA)
# 替换此处的存储路径参数

cv2.imwrite(r'D:\ECLIPSE-PROJECT\Python\my_opencv\other_64_128\test'+str(num)+'.jpg',
res)

    num=num+1
print 'all done!'
cv2.waitKey(0)
cv2.destroyAllWindows()
```

这段代码会扫描 Python 脚本所在文件夹的子文件夹中的所有 JPG 文件，然后使用 OpenCV 读取图片数据，并按照指定的大小进行缩放，将缩放后的结果写入指定目录下的指定图片文件夹中。

4.5.2 训练模型

下面根据已经分类好的数据集对分类器进行训练。cat 文件夹下全是猫的照片，other 文件夹下的内容都不是猫的照片。在进行模型训练前，需要先计算每张图片的 HOG 值以得到供支持向量机分类器使用的输入向量。计算该值的算法实现的一般过程如下。

（1）灰度化。通过灰度图像忽略颜色干扰。

（2）采用伽马校正法对输入的图像进行颜色空间的归一化，目的是调节图像的对比度，减少图像局部的阴影和光照变化所造成的影响，同时抑制噪声的干扰。

（3）计算图像每个像素的梯度（包括大小和方向）。强化轮廓信息，减弱其他因素。

（4）将图像划分成小的单元。

（5）统计每个单元的 HOG，形成对单元的向量化特征描述。

（6）将多个单元组成矩阵块，一个块内所有单元的特征描述串联起来便是该块的向量特征描述。

（7）将图像内所有块的特征描述组合起来得到该图像的整体特征描述，即最终的可供分类使用的特征向量。

在每个单元内计算 X 和 Y 方向的 Sobel 导数，找到每个像素的梯度和方向。此梯度被量化为 16×16 个整数值，将图像分成 4 个子图，对每个子图计算加权幅度的方向（16×16 柱）直方图。每个子图包含一个 16×16 个值的向量，4 个向量组成一个特征向量，包含 1024 个值。核心代码如下。

```
# 设置向量大小
bin_n = 16*16
# 求图像的 HOG
def hog(img):
x_pixel,y_pixel=194,259
    # 计算方向导数
    gx = cv2.Sobel(img, cv2.CV_32F, 1, 0)
    gy = cv2.Sobel(img, cv2.CV_32F, 0, 1)
    mag, ang = cv2.cartToPolar(gx, gy)
    bins = np.int32(bin_n*ang/(2*np.pi))
    bin_cells = bins[:x_pixel/2,:y_pixel/2], bins[x_pixel/2:,:y_pixel/2], bins [:x_
pixel/2,y_pixel/2:], bins[x_pixel/2:,y_pixel/2:]
    mag_cells = mag[:x_pixel/2,:y_pixel/2], mag[x_pixel/2:,:y_pixel/2], mag [:x_
pixel/2,y_pixel/2:], mag[x_pixel/2:,y_pixel/2:]
    hists = [np.bincount(b.ravel(), m.ravel(), bin_n) for b, m in zip(bin_cells, mag_
cells)]
    hist = np.hstack(hists)
    return hist
```

以上代码的实现方法：首先扫描文件夹内的图片；然后用灰度方式读入，计算每个图片的 HOG，建立支持向量机分类器并将向量输入分类器中进行训练；最后将训练结果保存在文件中，完整的程序代码如下。

```python
import numpy as np
import cv2
from os.path import dirname, join, basename
import sys
from glob import glob
# 设置向量大小
bin_n = 16*16
# 求图像梯度方向直方图
def hog(img):
    x_pixel,y_pixel=194,259
    # 计算方向导数
    gx = cv2.Sobel(img, cv2.CV_32F, 1, 0)
    gy = cv2.Sobel(img, cv2.CV_32F, 0, 1)
    mag, ang = cv2.cartToPolar(gx, gy)
    bins = np.int32(bin_n*ang/(2*np.pi))
    bin_cells = bins[:x_pixel/2,:y_pixel/2], bins[x_pixel/2:,:y_pixel/2], bins[:x_pixel/2,y_pixel/2:], bins[x_pixel/2:,y_pixel/2:]
    mag_cells = mag[:x_pixel/2,:y_pixel/2], mag[x_pixel/2:,:y_pixel/2], mag[:x_pixel/2,y_pixel/2:], mag[x_pixel/2:,y_pixel/2:]
    hists = [np.bincount(b.ravel(), m.ravel(), bin_n) for b, m in zip(bin_cells, mag_cells)]
    hist = np.hstack(hists)
    return hist
img={}
num=0
# 读取图片
for fn in glob(join(dirname(__file__)+'/cat', '*.jpg')):
    img[num] = cv2.imread(fn,0)
    num=num+1
print num,' num'
positive=num
for fn in glob(join(dirname(__file__)+'/other', '*.jpg')):
    img[num] = cv2.imread(fn,0)
    num=num+1
print num,' num'
print positive,' positive'
trainpic=[]
for i in img:
    trainpic.append(img[i])
svm_params = dict( kernel_type = cv2.SVM_LINEAR,
                    svm_type = cv2.SVM_C_SVC,
                    C=2.67, gamma=5.383 )
temp=hog(img[0])
```

```
print temp.shape
hogdata = map(hog,trainpic)
print np.float32(hogdata).shape,' hogdata'
trainData = np.float32(hogdata).reshape(-1,bin_n*4)
print trainData.shape,' trainData'
responses = np.float32(np.repeat(1.0,trainData.shape[0])[:,np.newaxis])
responses[positive:trainData.shape[0]]=-1.0
print responses.shape,' responses'
print len(trainData)
print len(responses)
print type(trainData)
# 训练支持向量机分类器并保存结果
svm = cv2.SVM()
svm.train(trainData,responses, params=svm_params)
svm.save('svm_cat_data.dat')
```

4.5.3　验证模型

机器学习是一个不断迭代的过程。训练得到的结果可能会过于拟合训练数据，这时就需要通过验证集来检查模型的训练效果，并在训练效果不好时通过人工标注调整训练模型。验证模型的程序代码如下。

```
import numpy as np
import cv2
# from matplotlib import pyplot as plt
from os.path import dirname, join, basename
import sys
from glob import glob
# 指定分块大小
bin_n = 16*16
def hog(img):
    x_pixel,y_pixel=194,259
    # 求方向导数
    gx = cv2.Sobel(img, cv2.CV_32F, 1, 0)
    gy = cv2.Sobel(img, cv2.CV_32F, 0, 1)
    mag, ang = cv2.cartToPolar(gx, gy)
    bins = np.int32(bin_n*ang/(2*np.pi))
    bin_cells = bins[:x_pixel/2,:y_pixel/2], bins[x_pixel/2:,:y_pixel/2], bins[:x_
pixel/2,y_pixel/2:], bins[x_pixel/2:,y_pixel/2:]
    mag_cells = mag[:x_pixel/2,:y_pixel/2], mag[x_pixel/2:,:y_pixel/2], mag[:x_
pixel/2,y_pixel/2:], mag[x_pixel/2:,y_pixel/2:]
    hists = [np.bincount(b.ravel(), m.ravel(), bin_n) for b, m in zip(bin_cells, mag_
cells)]
    hist = np.hstack(hists)
    return hist
 img={}
```

```
num=0
# 读取图片
for fn in glob(join(dirname(__file__)+'/cat', '*.jpg')):
    img[num] = cv2.imread(fn,0)
    num=num+1
print num,' num'
positive=num
for fn in glob(join(dirname(__file__)+'/other', '*.jpg')):
    img[num] = cv2.imread(fn,0)
    num=num+1
print num,' num'
print positive,' positive'
trainpic=[]
for i in img:
    trainpic.append(img[i])
 svm_params = dict( kernel_type = cv2.SVM_LINEAR,
                    svm_type = cv2.SVM_C_SVC,
                    C=2.67, gamma=5.383 )
temp=hog(img[0])
print temp.shape
hogdata = map(hog,trainpic)
print np.float32(hogdata).shape,' hogdata'
trainData = np.float32(hogdata).reshape(-1,bin_n*4)
print trainData.shape,' trainData'
responses = np.float32(np.repeat(1.0,trainData.shape[0])[:,np.newaxis])
responses[positive:trainData.shape[0]]= -1.0
print responses.shape,' responses'
print len(trainData)
print len(responses)
print type(trainData)
# 训练支持向量机分类器，并保存模型
svm = cv2.SVM()
svm.load('svm_cat_data.dat')
# 验证模型效果
img = cv2.imread('/home/shiyanlou/predict/01.jpg',0)
hogdata = hog(img)
testData = np.float32(hogdata).reshape(-1,bin_n*4)
print testData.shape,'testData'
result = svm.predict(testData)
print result
if result > 0:
    print 'this pic is a cat!'
test_temp=[]
for fn in glob(join(dirname(__file__)+'/predict', '*.jpg')):
    img=cv2.imread(fn,0)
    test_temp.append(img)
print len(test_temp), 'len(test_temp)'
```

```
hogdata = map(hog,test_temp)
testData = np.float32(hogdata).reshape(-1,bin_n*4)
print testData.shape, 'testData'
result = [svm.predict(eachone) for eachone in testData]
print result
```

本实践使用支持向量机实现了一个判断是不是猫的照片的分类器。通过本实践的练习，读者能进一步理解支持向量机分类器的原理。读者可以建立自己的图片分类器，训练分类器以达到合适的分类精度，使其运行平均错误率低于25%。

习　　题

1. 什么是支持向量机？

2. 支持向量机为什么采用最大化间隔？

3. 什么是支持向量？

4. 支持向量机如何处理多分类问题？

5. 支持向量机有哪些核函数，分别对应哪些使用场景和特点？

6. 什么时候用线性核函数？什么时候用高斯核函数？

第5章 数据降维概述

无监督学习是机器学习领域中的一种重要的学习方式，其核心思想是通过统计手段从未标记的数据中提取有用的信息，如特征、类别、结构和概率分布等。降维和聚类是无监督学习的两种主流方法。本章将深入讨论降维，包括线性降维、非线性降维以及自编码器。自编码器是非线性降维的关键工具，因独特的方法和广泛的应用而备受关注，因此本章将单独介绍自编码器。最后，本章将以自编码器为例，演示如何完成一个图像分类项目，以帮助读者更好地理解和应用无监督学习方法。

5.1 数据降维简介

维度变换的本质是学习一个映射函数 $f:x \rightarrow y$，其中，x 是原始数据，一般使用向量来表示，y 是原数据映射到其他维度后的向量表示，f 可以是显式或隐式的，也可以是线性或非线性的。当 x 的维度高时，降到 y 维度并保留数据中最重要的信息，减少数据特征的数量，称为降维；反之，当 x 的维度低时，升到 y 维度，通过某种变换或组合来创建新的特征，称为升维。通常原始数据 x 已经是高维度的了，不需要再升维，否则会使问题变得更加复杂，所以应用更广泛的是降维。

图 5-1 展示的是数据从三维空间的流体形状降到二维空间的平面的例子（高维空间是无法想象的）。

需要注意的是，从物理角度看，维度指的是独立的时空坐标的数目，数学上的维度指的是独立参数的数目。例如，从数学角度看，一维空间描述一个点需要 1 个参数，二维空间描述一个点需要 2 个参数，三维空间描述一个点需要 3 个参数，四维空间描述一个点需要 4 个参数。物理上的四维空间指的是三维空间加一维时间。本章如果没有特别指明，维度都是指数学上的概念。

为什么需要对数据进行降维呢？在互联网大数据场景下，我们经常需要面对高维数据，处理高维数据不仅需要面临挑战，还不便于可视化分析，而降维可以提取数据内部的本质结构，在数学中最直观的体现就是将高维稀疏向量转变成低维稠密向量。这种转变不仅有助于简化数据的表示，使数据更易于理解和分析，而且能够加快模型的训练速度，提升模型的整体性能。

图 5-1　数据降维示例

什么是线性和非线性？

从数学角度理解就是，线性关系指的是直线，非线性关系指的是非直线（曲线、不规则的连线等）；线性方程满足叠加原理，非线性方程不满足叠加原理；线性方程易于求出解，而非线性方程一般不能得出解。叠加原理是指一个系统或过程的整体效应等于其各个部分效应的总和。

从机器学习上区分线性和非线性，就是看各种模型或算法的决策边界。如果是直线（即能用一条直线对数据进行分类），那么该方法是线性的，例如线性回归、支持向量机；反之该方法是非线性的，如感知机、决策树方法。

5.2　线性降维

线性降维的方法主要是主成分分析（PCA）和线性判别分析（LDA）。两者的原理是相似的，区别在于 PCA 属于无监督学习，应用更广泛，而 LDA 属于有监督学习的分类任务。

5.2.1　PCA

PCA 的意思就是降维后的数据要尽量地分散开，从数学角度看就是方差要最大。由于我们无法想象高维数据的可视化，所以以二维数据为例，如图 5-2 所示；通过 PCA 将其降维到一维数据，得到大方差和小方差的两种结果，如图 5-3 所示。

从图 5-3 可以看出，深色线轴是最合适的，较大的方差很好地保留了数据之间的区分性。

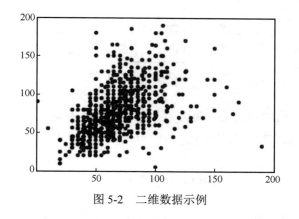

图 5-2　二维数据示例

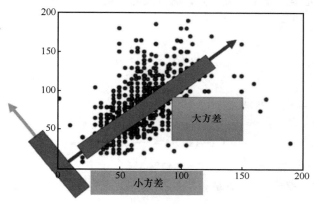

图 5-3　通过 PCA 降维

下面介绍 PCA 的原理。将 p 行 N 列的矩阵 X 转换成 q 行 N 列的矩阵 Z（其中，p、q 是维数，且 $q<<p$，N 是样本数）要求矩阵 Z 的协方差矩阵中的方差项最大、协方差项最小（后者即消除变量之间的相关性，使之成为独立变量）。矩阵 X 即处于高维的原始数据，如图 5-4 所示，每一行是一个特征，每一列是一个样本。

$$X = \left[x_1, x_2, \cdots, x_N \right] = \begin{bmatrix} x_{11} & x_{12} & \cdots & x_{1N} \\ x_{21} & x_{22} & \cdots & x_{2N} \\ \cdots & \cdots & \cdots & \cdots \\ x_{p1} & x_{p2} & \cdots & x_{pN} \end{bmatrix}$$

图 5-4　原始数据 X

在线性代数中，对矩阵 X 进行线性变换，即 $Z=YX$，Y 是需要找的用于变换的矩阵。为什么矩阵可以用来对空间进行线性变换？如图 5-5 所示，q 行 p 列的矩阵 Y 与 p 行 N 列的矩阵 X 相乘，得到 q 行 N 列的矩阵 Z。读者可自行查阅"线性代数的本质"相关资料来了解线性代数的理论知识。

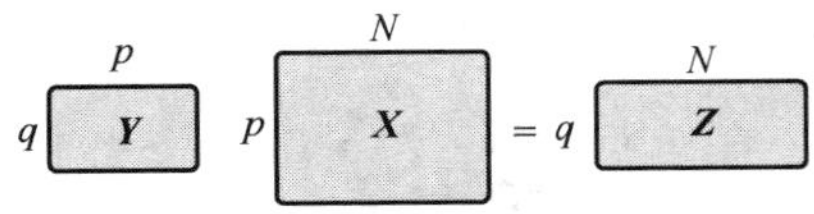

图 5-5　矩阵变换（矩阵乘法）

因为在算法执行过程中我们会计算方差，所以从方差的定义入手。基于单一随机变量 a（此时是标量），方差的计算式（μ 是均值）为

$$\text{Var}(a) = \frac{1}{N}\sum_{i=1}^{N}(a_i - \mu)^2 \tag{5-1}$$

对变量 a 进行中心化，即 $a_i = a_i - \mu$，这样变量 a 的分布就移到原点附近了，此时方差的计算式为

$$\text{Var}(a) = \frac{1}{N}\sum_{i=1}^{N}a_i^2 \tag{5-2}$$

基于二维随机变量，例如 $\boldsymbol{x}_i = [\boldsymbol{a}\ \boldsymbol{b}]^{\text{T}}$（此时是矢量，即向量），协方差的计算式为

$$\text{Cov}(\boldsymbol{a},\boldsymbol{b}) = \frac{1}{N}\sum_{i=1}^{N}\boldsymbol{a}_i\boldsymbol{b}_i \tag{5-3}$$

当协方差为 0 时，就表示 $\boldsymbol{a}$、$\boldsymbol{b}$ 是独立的；相信大家也发现了，方差就是协方差的一种特殊情况。

$$\text{Cov}(\boldsymbol{a},\boldsymbol{a}) = \text{Var}(\boldsymbol{a}) \tag{5-4}$$

$\boldsymbol{x}_i = [\boldsymbol{a}\ \boldsymbol{b}]^{\text{T}}$ 时，协方差矩阵为

$$C = \begin{bmatrix} \text{Var}(\boldsymbol{a}) & \text{Cov}(\boldsymbol{a},\boldsymbol{b}) \\ \text{Cov}(\boldsymbol{b},\boldsymbol{a}) & \text{Var}(\boldsymbol{b}) \end{bmatrix} \tag{5-5}$$

扩展到多维随机变量 $\boldsymbol{x}_i = [\boldsymbol{x}_1, \boldsymbol{x}_2, \cdots, \boldsymbol{x}_n]^{\text{T}}$，协方差矩阵为

$$C = \begin{bmatrix} \text{Var}(\boldsymbol{x}_1) & \text{Cov}(\boldsymbol{x}_1,\boldsymbol{x}_2) & \cdots & \text{Cov}(\boldsymbol{x}_1,\boldsymbol{x}_n) \\ \text{Cov}(\boldsymbol{x}_2,\boldsymbol{x}_1) & \text{Var}(\boldsymbol{x}_2) & \cdots & \text{Cov}(\boldsymbol{x}_1,\boldsymbol{x}_n) \\ \vdots & \cdots & \cdots & \vdots \\ \text{Cov}(\boldsymbol{x}_n,\boldsymbol{x}_1) & \text{Cov}(\boldsymbol{x}_n,\boldsymbol{x}_2) & \cdots & \text{Var}(\boldsymbol{x}_n) \end{bmatrix} \tag{5-6}$$

由此能够得出原数据 $\boldsymbol{X}$ 的协方差矩阵（其中，$\boldsymbol{\mu}$ 是均值）

$$C = \frac{1}{N}\sum_{i=1}^{N}(\boldsymbol{x}_i - \boldsymbol{\mu})(\boldsymbol{x}_i - \boldsymbol{\mu})^{\text{T}}，\text{即}\ C = \frac{1}{N}\boldsymbol{X}\boldsymbol{X}^{\text{T}} \tag{5-7}$$

假设转换后的矩阵 $\boldsymbol{Z}$ 的协方差矩阵为 $\boldsymbol{D}$，那么 $\boldsymbol{D}$ 与 $\boldsymbol{C}$ 的关系为

$$D = \frac{1}{N} ZZ^{\mathrm{T}} = \frac{1}{N} (YX)(YX)^{\mathrm{T}} = \frac{1}{N} YXX^{\mathrm{T}}Y^{\mathrm{T}} = Y(CY)^{\mathrm{T}} \tag{5-8}$$

经 PCA 降维后的数据（矩阵 Z）需要满足两个条件：协方差矩阵 D 的方差项最大、协方差项最小（即对角线上的元素取最大值，其余元素取最小值）。我们需要寻找一个矩阵 Y，使 $Y(CY)^{\mathrm{T}}$ 是一个对角矩阵，并且对角元素从上到下是按照从大到小的顺序排列的。

因为协方差矩阵是实对称矩阵，在线性代数中，实对称矩阵 C 满足

$$E^{\mathrm{T}}CE = \Lambda = \mathrm{diag}(\lambda_i) = \begin{bmatrix} \lambda_1 & & & \\ & \lambda_2 & & \\ & & \cdots & \\ & & & \lambda_p \end{bmatrix} \tag{5-9}$$

其中，E 是（单位正交化）特征向量组成的矩阵，λ 是特征值。

可以看出，我们要找的用于变换的矩阵，就是从矩阵 E^{T} 中选择的前 q 个最大的特征值对应的特征向量组成的 q 行 p 列矩阵 Y（人为决定 q 的取值）。

综上，PCA 算法的步骤如下。

假设原始数据是 p 行 N 列的矩阵 X，则需要进行以下操作。

① 对矩阵 X 的每一行（代表一个特征）进行中心化。

② 求协方差矩阵 $C = \frac{1}{N} XX^{\mathrm{T}}$。

③ 求协方差矩阵 C 的特征值及特征向量。

④ 将特征向量对应的特征值按从大到小的顺序从上到下排列成矩阵，取出其中前 q 行，组成用于变换的矩阵 Y。

⑤ $Z=YX$ 即实现了数据降维。

5.2.2　使用最大投影方差理解 PCA

什么是投影？设两个非零向量 a、b 的夹角为 θ，则 $|a|\cos\theta$ 叫作 a 在 b 上的投影，计算式为

$$|a|\cos\theta = \frac{a \cdot b}{|b|} \tag{5-10}$$

由定义可知，一个向量在另一个向量上的投影是一个标量；当 b 为单位向量（即 $|b|=1$）时，向量点积就是投影。如图 5-6 所示，投影 $k=|a|\cos\theta$，k 的方向就是 b 的方向，k 的大小就是 $|a|\cos\theta$。

当 a 是高维向量、b 是低维向量时，投影就带有降维的功能。PCA 要求降维后的数据的方差最大化。下面我们来推导如何使其满足要求。

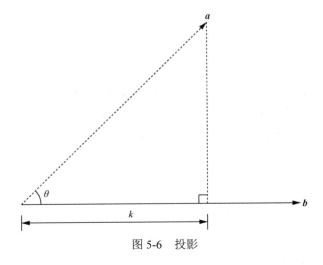

图 5-6   投影

假设原始数据 $\boldsymbol{X}$ 会投影在 $\boldsymbol{z}$ 上，规定 $\boldsymbol{z}$ 满足 $|\boldsymbol{z}|=1$，那么存在

$$
\begin{aligned}
\mathrm{Var}(\mathrm{Projection}) &= \frac{1}{N}\sum_{i=1}^{N}[(\boldsymbol{x}_i - \boldsymbol{\mu})^{\mathrm{T}}\boldsymbol{z}]^2 \\
&= \frac{1}{N}\sum_{i=1}^{N}[\boldsymbol{z}^{\mathrm{T}}(\boldsymbol{x}_i - \boldsymbol{\mu})(\boldsymbol{x}_i - \boldsymbol{\mu})^{\mathrm{T}}\boldsymbol{z}] \\
&= \boldsymbol{z}^{\mathrm{T}}\frac{1}{N}\sum_{i=1}^{N}[(\boldsymbol{x}_i - \boldsymbol{\mu})(\boldsymbol{x}_i - \boldsymbol{\mu})^{\mathrm{T}}]\,\boldsymbol{z} = \boldsymbol{z}^{\mathrm{T}}\boldsymbol{C}\boldsymbol{z}
\end{aligned}
\tag{5-11}
$$

为了使投影的方差最大，使用拉格朗日乘子法（也称乘数法）。

$$
\begin{cases}
\boldsymbol{z} = \mathrm{argmax}\ \boldsymbol{z}^{\mathrm{T}}\boldsymbol{C}\boldsymbol{z} \\
|\boldsymbol{z}| = 1
\end{cases}
\tag{5-12}
$$

$$
\text{令 } f(\boldsymbol{z},\lambda) = \boldsymbol{z}^{\mathrm{T}}\boldsymbol{C}\boldsymbol{z} + \lambda(1-|\boldsymbol{z}|)
\tag{5-13}
$$

对函数 f 求偏导数，偏导数为 0 时 $\boldsymbol{z}$ 的取值就是所求结果。

$$
\frac{\partial f}{\partial \boldsymbol{z}} = 2\boldsymbol{C}\boldsymbol{z} - \lambda\boldsymbol{z} = 0 \rightarrow \boldsymbol{C}\boldsymbol{z} = \lambda\boldsymbol{z}
\tag{5-14}
$$

由式（5-14）即可求解特征值最大时对应的特征向量。

5.2.3   使用最小重构代价理解 PCA

我们把高维数据"压缩"成低维数据后，很自然地就会想到，低维数据能完好地"解压"成高维数据吗？这个解压，换个名字就是重构。低维数据能够多大程度地被还原为高维数据，如何衡量其效果？为此人们定义了重构代价，其值越小，低维数据越容易被还原为高维数据，也就是高维数据在降维后并没有损失太多信息。下面我们来解释如何计算重构代价。

假设已经通过最大投影方差找到了特征向量，将其按特征值从大到小排序为

$$
\boldsymbol{Z} = [\boldsymbol{z}_1, \boldsymbol{z}_2, \cdots, \boldsymbol{z}_p]
\tag{5-15}
$$

z 满足 $|z| = 1$，即 $z^T z = 1$。数据 X 中的 x_i 可以用向量加法（从几何意义去理解）表示为

$$x_i - \mu = \sum_{k=1}^{p} [(x_i - \mu)^T z_k] z_k \tag{5-16}$$

规定降维后的维数为 q，且 $q \ll p$，那么降维后的向量（用 y 表示）可以表示为

$$y_i = \sum_{k=1}^{q} (y_i^T z_k) z_k \tag{5-17}$$

定义重构代价的计算式为

$$\begin{aligned}
\text{Reconstruction Cost} &= \frac{1}{N} \sum_{i=1}^{N} \| (x_i - \mu) - y_i \|^2 \\
&= \frac{1}{N} \sum_{i=1}^{N} \| \sum_{k=q+1}^{p} [(x_i - \mu)^T z_k] z_k \|^2 \\
&= \frac{1}{N} \sum_{i=1}^{N} \sum_{k=q+1}^{p} \{ [(x_i - \mu)^T z_k] z_k \}^2 \\
&= \frac{1}{N} \sum_{i=1}^{N} \sum_{k=q+1}^{p} [(x_i - \mu)^T z_k]^2 \\
&= \sum_{k=q+1}^{p} z_k^T \frac{1}{N} \sum_{i=1}^{N} [(x_i - \mu)(x_i - \mu)^T] z_k \\
&= \sum_{k=q+1}^{p} z_k^T C z_k
\end{aligned} \tag{5-18}$$

为了使重构代价最小，使用拉格朗日乘子法。

$$\begin{cases} z_k = \arg\min \sum_{k=q+1}^{p} z_k^T C z_k \to \arg\min z_k^T C z_k \\ |z_k| = z_k^T z_k = 1 \end{cases} \tag{5-19}$$

$$令\ f(z_k, \lambda) = z_k^T C z_k + \lambda(1 - |z_k|) \tag{5-20}$$

对函数 f 求偏导数，偏导数为 0 时的 z_k 的取值就是所求结果。

$$\frac{\partial f}{\partial z_k} = 2C z_k - 2\lambda z_k = 0 \to C z_k = \lambda z_k \tag{5-21}$$

由式（5-21）即可求解特征值最小时对应的特征向量。

从最小重构代价角度来看主成分分析，我们的任务就是将 $(x - \mu)$ 转换为 y'，这完全可以利用线性激活函数的神经网络来实现。仅含一个隐含层时，该神经网络叫作自编码器；含多个隐含层时，这个神经网络就是深度自编码器。

需要注意的是，主成分分析求解的特征向量是正交的，而自编码器的方法无法保证这

个特性。在处理线性情况时，主成分分析的方法更加有效；在处理非线性情况时，自编码器展现出其优势：非线性的激活函数和多个隐含层（深度），能够对数据进行更细粒度、更精确的处理。

主成分分析的一个缺点体现在，它属于无监督学习，数据都是无标签的，那么属于不同类别的数据完全有可能被混合在一起。线性判别分析（LDA）方法可以解决该问题。

主成分分析的另一个缺点体现在线性上，更复杂的数据分布可能需要非线性的转换。针对这个问题的解决办法是利用（深度）自编码器进行核函数主成分分析。

5.2.4　LDA

LDA 属于有监督学习，用于对数据进行分类。与其他分类方法不同的是，LDA 通过降维来解决问题。PCA 降维的目标是使数据的方差最大，这样数据才会尽可能地分散开，从而具有区分性；LDA 降维的目标是使同类数据之间方差最小、不同类数据之间距离最远，即同类数据尽可能聚集在一起。

因为我们无法想象高维数据的可视化，所以这里以二维数据为例，通过 LDA 将其降维到一维空间，如图 5-7 所示。

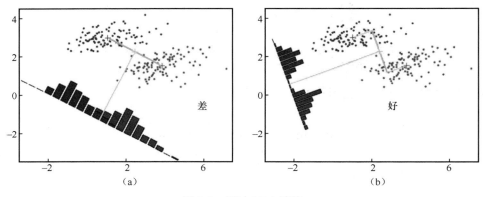

图 5-7　通过 LDA 降维

很明显，图 5-7（b）的效果更好，因为它成功做到了对数据的分类。

下面我们介绍 LDA 的原理。p 行 N 列的矩阵 X 即处于高维的原始数据，形式为

$$X = [x_1, x_2, \cdots, x_N] = \begin{bmatrix} x_{11} & x_{12} & \cdots & x_{1N} \\ x_{21} & x_{22} & \cdots & x_{2N} \\ \vdots & \vdots & & \vdots \\ x_{p1} & x_{p2} & \cdots & x_{pN} \end{bmatrix} \tag{5-22}$$

其中，p 是维数，N 是样本数；每一行是一个特征，每一列是一个样本。

1 行 N 列的矩阵（或者称为行向量）$\boldsymbol{Y}$ 为数据 $\boldsymbol{X}$ 的标签（值取 1 或-1，即两个类别），形式为

$$\boldsymbol{Y} = (y_1, y_2, \cdots, y_N) \tag{5-23}$$

假设数据有两个类别：a 类和 b 类，且数量分别为 N_a 和 N_b，$N_a + N_b = N$。从投影的角度看，令

$$z_i = \boldsymbol{w}^{\mathrm{T}} \boldsymbol{x}_i \quad (i = 1, 2, \cdots, N) \tag{5-24}$$

其中，$\boldsymbol{w}$ 为参数，规定 $|\boldsymbol{w}| = 1$ 投影的均值计算式为

$$\overline{z} = \frac{1}{N} \sum_{i=1}^{N} \boldsymbol{w}^{\mathrm{T}} \boldsymbol{x}_i \tag{5-25}$$

投影的方差计算式为

$$
\begin{aligned}
S &= \frac{1}{N} \sum_{i=1}^{N} (z_i - \overline{z})^2 \\
&= \frac{1}{N} \sum_{i=1}^{N} (z_i - \overline{z})(z_i - \overline{z})^{\mathrm{T}} \\
&= \frac{1}{N} \sum_{i=1}^{N} (\boldsymbol{w}^{\mathrm{T}} \boldsymbol{x}_i - \overline{z})(\boldsymbol{w}^{\mathrm{T}} \boldsymbol{x}_i - \overline{z})^{\mathrm{T}}
\end{aligned}
\tag{5-26}
$$

那么对于 a、b 类来说，其均值和方差的计算式分别为

$$\overline{z}_a = \frac{1}{N_a} \sum_{i}^{N_a} \boldsymbol{w}^{\mathrm{T}} \boldsymbol{x}_i \tag{5-27}$$

$$\overline{z}_b = \frac{1}{N_b} \sum_{i}^{N_b} \boldsymbol{w}^{\mathrm{T}} \boldsymbol{x}_i \tag{5-28}$$

$$S_a = \frac{1}{N_a} \sum_{i}^{N_a} (\boldsymbol{w}^{\mathrm{T}} \boldsymbol{x}_i - \overline{z}_a)(\boldsymbol{w}^{\mathrm{T}} \boldsymbol{x}_i - \overline{z}_a)^{\mathrm{T}} \tag{5-29}$$

$$S_b = \frac{1}{N_b} \sum_{i}^{N_b} (\boldsymbol{w}^{\mathrm{T}} \boldsymbol{x}_i - \overline{z}_b)(\boldsymbol{w}^{\mathrm{T}} \boldsymbol{x}_i - \overline{z}_b)^{\mathrm{T}} \tag{5-30}$$

根据同类间方差小、不同类间距离远，损失函数可以表示为

$$\mathrm{Loss}(\boldsymbol{w}) = \frac{S_a + S_b}{(\overline{z}_a - \overline{z}_b)^2} \tag{5-31}$$

分子越小、分母越大，损失越小，所以我们需要最小化损失，即求解 $\hat{\boldsymbol{w}}$，计算式为

$$\hat{\boldsymbol{w}} = \mathrm{argmin} \mathrm{Loss}(\boldsymbol{w}) \tag{5-32}$$

式（5-31）中的分母 $\overline{z}_a - \overline{z}_b$ 可以表示为

$$
\begin{aligned}
\overline{z}_a - \overline{z}_b &= \frac{1}{N_a}\sum_i^{N_a} \boldsymbol{w}^\mathrm{T}\boldsymbol{x}_i - \frac{1}{N_b}\sum_j^{N_b} \boldsymbol{w}^\mathrm{T}\boldsymbol{x}_j \\
&= \boldsymbol{w}^\mathrm{T}\left(\frac{1}{N_a}\sum_i^{N_a}\boldsymbol{x}_i - \frac{1}{N_b}\sum_j^{N_b}\boldsymbol{x}_j\right) \\
&= \boldsymbol{w}^\mathrm{T}(\overline{\boldsymbol{x}}_a - \overline{\boldsymbol{x}}_b)
\end{aligned} \tag{5-33}
$$

式（5-31）分子中的 S_a 可以表示为

$$
\begin{aligned}
S_a &= \frac{1}{N_a}\sum_i^{N_a}\left(\boldsymbol{w}^\mathrm{T}\boldsymbol{x}_i - \frac{1}{N_a}\sum_j^{N_a}\boldsymbol{w}^\mathrm{T}\boldsymbol{x}_j\right)\left(\boldsymbol{w}^\mathrm{T}\boldsymbol{x}_i - \frac{1}{N_a}\sum_j^{N_a}\boldsymbol{w}^\mathrm{T}\boldsymbol{x}_j\right)^\mathrm{T} \\
&= \frac{1}{N_a}\sum_i^{N_a}\boldsymbol{w}^\mathrm{T}(\boldsymbol{x}-\overline{\boldsymbol{x}}_a)(\boldsymbol{x}-\overline{\boldsymbol{x}})^\mathrm{T}\boldsymbol{w} \\
&= \boldsymbol{w}^\mathrm{T}\frac{1}{N_a}\sum_i^{N_a}(\boldsymbol{x}_i-\overline{\boldsymbol{x}}_a)(\boldsymbol{x}_i-\overline{\boldsymbol{x}}_a)^\mathrm{T}\boldsymbol{w} \\
&= \boldsymbol{w}^\mathrm{T}C_a\boldsymbol{w}
\end{aligned} \tag{5-34}
$$

同理， S_b 可以表示为

$$
S_b = \boldsymbol{w}^\mathrm{T}C_b\boldsymbol{w} \tag{5-35}
$$

需要注意的是，$\overline{\boldsymbol{x}}_a$、$\overline{\boldsymbol{x}}_b$ 是原数据的均值，$\overline{z}_a$、$\overline{z}_b$ 是投影后的数据的均值，C_a、C_b 是原数据的方差，S_a、S_b 是投影后的数据的方差。

将式（5-33）、式（5-34）、式（5-35）代入式（5-31），可得

$$
\mathrm{Loss}(\boldsymbol{w}) = \frac{\boldsymbol{w}^\mathrm{T}(C_a+C_b)\boldsymbol{w}}{\boldsymbol{w}^\mathrm{T}(\overline{\boldsymbol{x}}_a-\overline{\boldsymbol{x}}_b)(\overline{\boldsymbol{x}}_a-\overline{\boldsymbol{x}}_b)^\mathrm{T}\boldsymbol{w}} \tag{5-36}
$$

$$
\begin{cases} S_c = C_a + C_b \\ S_x = (\overline{\boldsymbol{x}}_a-\overline{\boldsymbol{x}}_b)(\overline{\boldsymbol{x}}_a-\overline{\boldsymbol{x}}_b)^\mathrm{T} \end{cases} \tag{5-37}
$$

那么可以把损失函数简化为

$$
\mathrm{Loss}(\boldsymbol{w}) = \frac{\boldsymbol{w}^\mathrm{T}S_c\boldsymbol{w}}{\boldsymbol{w}^\mathrm{T}S_x\boldsymbol{w}} = \boldsymbol{w}^\mathrm{T}S_c\boldsymbol{w}(\boldsymbol{w}^\mathrm{T}S_x\boldsymbol{w})^{-1} \tag{5-38}
$$

为了最小化损失，对 $\boldsymbol{w}$ 求偏导数，得到

$$
\begin{aligned}
\frac{\partial \mathrm{Loss}}{\partial \boldsymbol{w}} &= 2S_c\boldsymbol{w}(\boldsymbol{w}^\mathrm{T}S_x\boldsymbol{w})^{-1} - \boldsymbol{w}^\mathrm{T}S_c\boldsymbol{w}(\boldsymbol{w}^\mathrm{T}S_x\boldsymbol{w})^{-2}\cdot 2S_x\boldsymbol{w} = 0 \\
S_c\boldsymbol{w}&(\boldsymbol{w}^\mathrm{T}S_x\boldsymbol{w}) = (\boldsymbol{w}^\mathrm{T}S_c\boldsymbol{w})S_x\boldsymbol{w} \\
\boldsymbol{w} &= \mathrm{Loss}(\boldsymbol{w})\cdot S_c^{-1}S_x\boldsymbol{w} \\
\boldsymbol{w} &= \mathrm{Loss}(\boldsymbol{w})\cdot S_c^{-1}(\overline{\boldsymbol{x}}_a-\overline{\boldsymbol{x}}_b)(\overline{\boldsymbol{x}}_a-\overline{\boldsymbol{x}}_b)^\mathrm{T}\boldsymbol{w}
\end{aligned} \tag{5-39}
$$

因为 w 的大小已知（$|w|=1$），所以用以下式子求解 w 的方向即可（省略标量）。

$$w \propto S_c^{-1}(\bar{x}_a - \bar{x}_b) \qquad （5-40）$$

$\propto$ 的意思是呈正比例关系。

假设原始数据是 p 行 N 列的矩阵 X，1 行 N 列的矩阵 Y 为数据 X 的标签，标签有两个取值，即数据被分为两类。LDA 算法步骤如下。

（1）分别求出两个类别的数据的均值（向量）。

（2）分别求出两个类别的数据的方差（矩阵）。

（3）对方差求逆，再与均值相乘，得到投影向量 w。

（4）将数据 X 投影到向量 w 上，实现数据降维。

5.3　非线性降维

非线性降维又称为流形学习，其中流形是几何学中的一个概念，指的是高维空间中的几何结构，即由点构成的集合。我们可以简单地将流形理解为在二维空间中呈现曲线、在三维空间中呈现曲面的抽象形式。

流形学习的基本假设是数据在高维空间中的分布位于某一低维流形。举例而言，我们在日常生活中看到的世界地图就是通过对地球表面的转换而得到的。

5.3.1　局部线性嵌入

局部线性嵌入（LLE）是指将高维数据投影到低维空间，并保持数据之间的局部线性关系。由于我们无法想象高维空间，下面以二维空间为例。二维空间中数据的分布如图 5-8 所示。

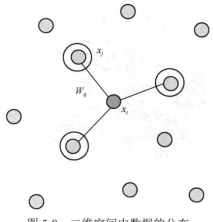

图 5-8　二维空间中数据的分布

LLE 的思想是每个点都可以和与其相邻的多个点进行线性组合实现近似重构，投影后也要保持这个线性重构关系，即拥有相同的重构系数（权重）。图 5-8 中点 x_i 的一个邻居是 x_j，两者间的权重为 w_{ij}。完整表示形式为

$$x_i \approx \sum_j w_{ij} x_j \tag{5-41}$$

最小化重构误差确定权重，即

$$\begin{cases} \min \sum_i \left\| x_i - \sum_j w_{ij} x_j \right\| \\ \sum_j w_{ij} = 1 \end{cases} \tag{5-42}$$

确定权重后降维（假设 X 转换后成为 z），条件是保持权重不变，然后仍然需要最小化误差，形式为

$$\min \sum_i \left\| z_i - \sum_j w_{ij} z_j \right\| \tag{5-43}$$

需要注意的是，LLE 没有明确要求降维用的方法，仅仅规定了降维前后的约束条件。

5.3.2 拉普拉斯特征映射

拉普拉斯特征映射是基于图论的方法，根据数据构造带权重的图，然后计算图的拉普拉斯矩阵，对该矩阵进行特征分解得到降维的结果。它要求投影后仍然保持数据在高维空间中的相对距离。

半监督学习是指训练集包含标签数据和无标签数据，且后者占大部分。半监督学习的连续性假设也称平滑性假设，如图 5-9 所示。如果数据点 x_1、x_2 在高密度区域相邻，那么它们的标签是一样的，可以认为 x_1、x_2 之间存在一条连通路径。

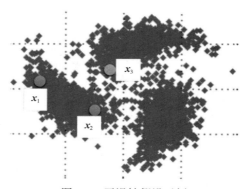

图 5-9　平滑性假设示例

x_1、x_2 的标签相同，x_3 的标签属于另外一种。

以手写数字辨识为例，如图 5-10 所示。

图 5-10　手写数字辨识

乍一看，2、3 是相似的，但当加入更多 2 的图片后，最左边的"2"和最右边的"2"是相同的，可以认为这是不直接相连的相似。

如果用图结构来分析，将数据点构造成一个图，那么连通路径就显而易见了，如图 5-11 所示。

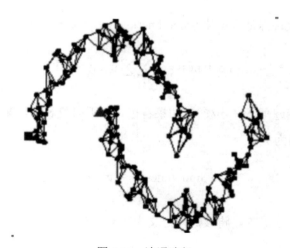

图 5-11　连通路径

建图的方法通常是，定义 x_i、x_j 之间的相似度 $S(x_i, x_j)$ 的计算方式，然后根据 K 近邻查询算法或 e-邻居算法构造图，如图 5-12 所示。

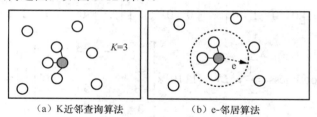

（a）K近邻查询算法　　　　　（b）e-邻居算法

图 5-12　构造图的两种算法

常用的相似度的计算方式是利用高斯径向基函数（γ 是超参数），形式为

$$S(\boldsymbol{x}_i, \boldsymbol{x}_j) = e^{-\gamma\|\boldsymbol{x}_i - \boldsymbol{x}_j\|^2} \tag{5-44}$$

基于图论的方法的主旨就是，图中已经有一部分有标记的数据点，它们相邻的数据点的标签大概率是相同的，这种"影响"能够传递下去，如图 5-13 所示。

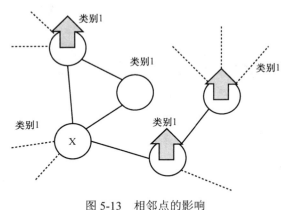

图 5-13　相邻点的影响

构建好图后，优化目标是最小化 Smoothness（y_i、y_j 是标记），形式为

$$\text{Smoothness} = \frac{1}{2}\sum_i\sum_j w_{ij}(y_i - y_j)^2 \tag{5-45}$$

其值越小，说明图越平滑（连续）。如果将标记 $\boldsymbol{y}$ 用向量表示，即 $\boldsymbol{y} = [y_1, y_2, \cdots, y_N]^{\mathrm{T}}$，那么式（5-45）可以化简为

$$\text{Smoothness} = \frac{1}{2}\boldsymbol{y}^{\mathrm{T}}\boldsymbol{L}\boldsymbol{y} \tag{5-46}$$

其中，$\boldsymbol{L}$ 为拉普拉斯矩阵。将该矩阵定义为 $\boldsymbol{L} = \boldsymbol{D} - \boldsymbol{W}$，$\boldsymbol{W}$ 是图的邻接矩阵，$\boldsymbol{D}$ 是值为 $\boldsymbol{W}$ 每行元素的和的对角矩阵。

$$\boldsymbol{W} = \begin{bmatrix} 0 & 2 & 3 & 0 \\ 2 & 0 & 0 & 1 \\ 3 & 1 & 0 & 1 \\ 0 & 0 & 1 & 0 \end{bmatrix} \boldsymbol{D} = \begin{bmatrix} 5 & 0 & 0 & 0 \\ 0 & 3 & 0 & 0 \\ 0 & 0 & 5 & 0 \\ 0 & 0 & 0 & 1 \end{bmatrix} \boldsymbol{L} = \begin{bmatrix} 5 & -2 & -3 & 0 \\ -2 & 3 & -1 & 0 \\ -3 & -1 & 5 & -1 \\ 0 & 0 & -1 & 1 \end{bmatrix}$$

$$\text{Smoothness} = \frac{1}{2}\boldsymbol{y}^{\mathrm{T}}\boldsymbol{L}\boldsymbol{y} = [1110] \times \begin{bmatrix} 5 & -2 & -3 & 0 \\ -2 & 3 & -1 & 0 \\ -3 & -1 & 5 & -1 \\ 0 & 0 & -1 & 1 \end{bmatrix} \times \begin{bmatrix} 1 \\ 1 \\ 1 \\ 0 \end{bmatrix} = 0.5$$

在无监督学习中，训练数据没有标签，将高维空间的数据 x 降维得到 z 需要最小化以下式子。

$$\frac{1}{2}\sum_i \sum_j w_{ij} \| z_i - z_j \| \tag{5-47}$$

式（5-47）等价于用以下拉普拉斯矩阵来求解。

$$\begin{cases} \min z^{\mathrm{T}} L z \\ I = z^{\mathrm{T}} D z \end{cases} \tag{5-48}$$

其中，I 为单位矩阵，等式约束条件的作用是消除冗余。

通过拉格朗日乘子法，得出

$$Lz = \lambda D z \tag{5-49}$$

由上式即可求出特征值最小的特征向量。

5.3.3 随机近邻嵌入

随机近邻嵌入（SNE）的思想是，在高维空间中距离很近的数据点降维到低维空间中仍然要保持这个邻居关系，且该关系通过概率体现。

在高维空间中计算数据之间的相似度 $S(x_i, x_j)$ 后，将其换算成概率（类似 Softmax 回归的方式），形式为

$$P(x_j \mid x_i) = \frac{\mathrm{e}^{S(x_i, x_j)}}{\sum\limits_{k \neq j} \mathrm{e}^{S(x_i, x_k)}} \tag{5-50}$$

同理，低维空间的计算式为

$$P(z_j \mid z_i) = \frac{\mathrm{e}^{S(z_i, z_j)}}{\sum\limits_{k \neq j} \mathrm{e}^{S(z_i, z_k)}} \tag{5-51}$$

下一步是通过相对熵（又称 KL 散度）来衡量这两个概率分布的相似度或差距，值越小，说明两个分布越接近。相对熵可以表示为

$$D_{\mathrm{KL}}(p \parallel q) = \sum_x p(x) \ln \frac{p(x)}{q(x)} \tag{5-52}$$

降维的目标是最小化以下函数。

$$\text{Loss} = \sum_i D_{KL}(P_{x_i} \| P_{z_i}) = \sum_i \sum_j P_{x_i}(x_j \mid x_i) \ln \frac{P_{x_i}(x_j \mid x_i)}{P_{z_i}(z_j \mid z_i)} \tag{5-53}$$

5.3.4　t 分布随机近邻嵌入

在 SNE 方法中，高维空间和低维空间的相似度的计算公式是一样的，仅是变量不同，形式分别为

$$S(x_i, x_j) = e^{-\gamma \|x_i - x_j\|^2} \tag{5-54}$$

$$S(z_i, z_j) = e^{-\gamma \|z_i - z_j\|^2} \tag{5-55}$$

在 t 分布随机近邻嵌入（t-SNE）方法中，高维空间的相似度的计算公式没有变化，低维空间相似度的计算式为

$$S(z_i, z_j) = \frac{1}{1 + \| z_i - z_j \|^2} \tag{5-56}$$

为什么要这么做呢？如图 5-14 所示（在左下角的式子中，参数 $r=1$），如果原来两个数据之间距离较近，那么降维后仍然是邻近的；如果原来两个数据之间距离较远，那么降维后距离会更远。也就是 t-SNE 聚集了相似的数据，同时放大了不同类数据之间的差异，将其区分开，尤其适合用于可视化场景。

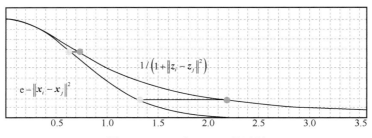

图 5-14　SNE 与 t-SNE 的区别

5.4　自编码器

前面介绍从最小重构代价角度看主成分分析时，我们可以换个方法实现 $(x - \mu)$ 到 y 的转换，即本节要介绍的自编码器。

自编码器就是一个压缩和解压的过程。编码器和解码器都是神经网络，前者对输入向量

进行降维，后者将降维后的向量尽可能地还原为输入向量，如图 5-15 所示。虽然编码器和解码器相互独立，但是它们需要连接在一起进行联合训练，以协同学习数据特征。训练完成后，通常需要提取编码器用于降维，暂时不需要解码器。因此编码器可以作为一个有效的特征提取器，保留输入数据的主要特征。

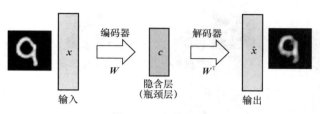

图 5-15　自编码器

训练的目标是最小化重构代价（Reconstruction Error），假设已经对 x 进行中心化处理了，即 $x - \mu$，μ 是均值。

$$\text{Reconstruction Error} = (x - \hat{x})^2 \tag{5-57}$$

神经网络的隐含层都是线性的，并且编码器与解码器之间的隐含层有一个新名字——瓶颈层。该名字从何而来呢？编码器的降维结果的维度数目远小于输入数据的维度数目，隐含层会非常狭窄（神经元数量非常少），所以有瓶颈层之称。

在非线性情况下，深度自编码器的优势就体现出来了。如图 5-16 所示，编码器和解码器都是拥有多个隐含层的神经网络。

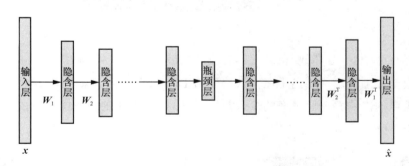

图 5-16　深度自编码器

因为我们可以把瓶颈层看作编码器的输出层和解码器的输入层，所以通常情况下，我们将整个神经网络的输入层到瓶颈层作为编码器，瓶颈层到输出层作为解码器。按照 PCA 的思想，编码器和解码器的参数应保持对应的关系，即 W、W^{T}，但其实没必要，实际操作中都是重新开始训练网络。

下面是自编码器和深度自编码器关于手写数字辨识的对比结果，如图 5-17～图 5-19 所示。图 5-18 中灰色方框中的数字表示维度。

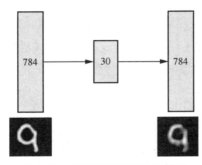

图 5-17　自编码器手写数字辨识

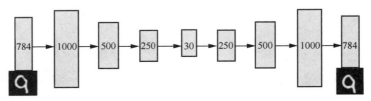

图 5-18　深度自编码器手写数字辨识

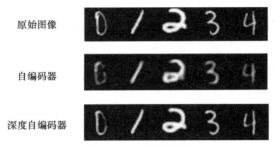

图 5-19　对比结果

自编码器有两个变体：降噪自编码器和收缩自编码器。

给输入数据加上噪声（相当于在输入层使用 Dropout 机制），如图 5-20 所示。自编码器将学会剔除噪声的影响并还原干净的输入数据，学习到更能反映输入数据的本质特征，因此其泛化能力会更强。

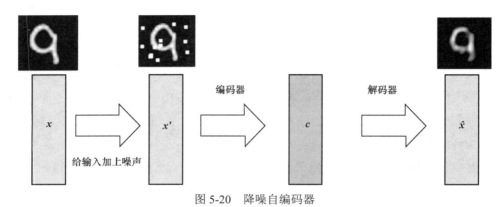

图 5-20　降噪自编码器

基于图 5-20（不加噪声），在瓶颈层前加一个约束层，将输入发生变化带来的影响最小化，即收缩自编码器。

这两种自编码器其实是相似的：前者的特征是即使给输入数据加上噪声，也能得到尽可能还原的数据；后者的特征是即使输入数据发生变化，也可以保证其对压缩结果的影响是极小的。

自编码器在 CNN（卷积神经网络）中的体现，如图 5-21 所示。CNN 的操作是交替地使用卷积层和池化层，使图片越来越简单，这一思想和编码器的原理是类似的，但自编码器还需要解码器，所以还得进行与卷积和池化相反的操作，还原图片。

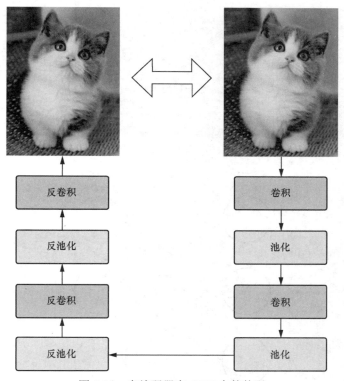

图 5-21　自编码器在 CNN 中的体现

那么反卷积、反池化具体是怎么做的呢？例如一张 4×4 的图片，池化层会保留 4 个最大值的像素，得到 2×2 的图片，反池化层的前提是记录池化层挑选的位置，在其他位置填 0，将 2×2 的图片恢复成 4×4 的图片。如图 5-22 所示，另一种反池化方法不需要提前记录位置，直接复制最大值的元素即可。

反卷积其实就是卷积。以一维的卷积为例，假设输入数据是 5 维，卷积核数据是 3 维，步长为 1，如图 5-23 所示，3 维卷积核数据对 5 维输入数据，计算 3 次，得到 3 个输出数据。

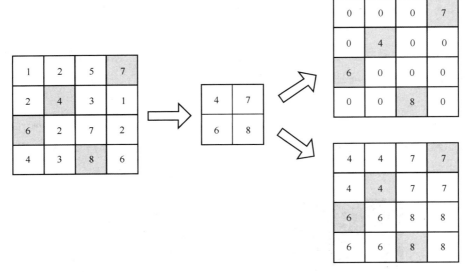

图 5-22　另一种反池化操作示例

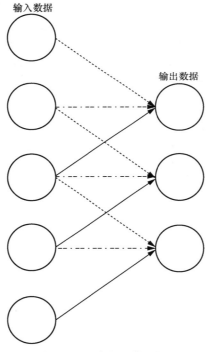

图 5-23　反卷积操作示例 1

以逆向思维的方式来理解，卷积是 3→1，那么反卷积是 1→3。如图 5-24 所示，每个输入数据经反卷积处理得到 3 个输出数据，在 9 个输出数据中，会对同样位置的输出数据求和，最后得到 5 个输出数据。

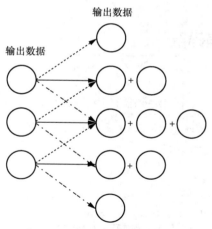

图 5-24 反卷积操作示例 2

从填充 0 的角度来看,如图 5-25 所示,在原来 3 个输入数据的基础上增加 4 个输入数据,然后 3 维的卷积核对这 7 个输入数据,计算 5 次,得到 5 个输出数据,同样达到了反卷积的效果。

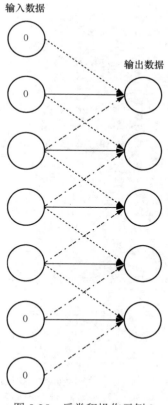

图 5-25 反卷积操作示例 3

5.5　项目实践：自编码器

图片分类任务：首先训练一个自编码器，用于提取图片的特征，然后将特征降到二维，最后通过聚类实现对图片的分类。以下代码为主要代码，请读者下载本章提供的压缩文件，查看完整代码。具体实现步骤如下。

（1）预处理数据。

```python
# 将图片的像素值从区间 0~255 转到 -1~1
# 将图片的格式从(N,H,W,C)转成(N,C,H,W)
# 原数据格式为(8500, 32, 32, 3)，预处理后转换为(8500, 3, 32, 32)
def preprocess(image):
    image = numpy.array(image)
    image = numpy.transpose(image, (0, 3, 1, 2))
    image = (image / 255.0) * 2 - 1
    image = image.astype(numpy.float32)
    return image
```

（2）构造自编码器模型。

```python
class AutoEncoder(nn.Module):
    def __init__(self):
        super(AutoEncoder, self).__init__()
        # 编码器为 3 个卷积层和 3 个池化层
        # 转换数据格式
        # [batch_size, 3, 32, 32] → [batch_size, 64, 32, 32] → [batch_size, 64, 16, 16]
        # [batch_size, 64, 16, 16] → [batch_size, 128, 16, 16] → [batch_size, 128, 8, 8]
        # [batch_size, 128, 8, 8] → [batch_size, 256, 8, 8] → [batch_size, 256, 4, 4]
        self.encoder = nn.Sequential(
            nn.Conv2d(in_channels=3, out_channels=64, kernel_size=(3, 3), padding=1),
            nn.ReLU(inplace=True),
            nn.MaxPool2d(kernel_size=(2, 2), stride=2),
            nn.Conv2d(in_channels=64, out_channels=128, kernel_size=(3, 3), padding=1),
            nn.ReLU(inplace=True),
            nn.MaxPool2d(kernel_size=(2, 2), stride=2),
            nn.Conv2d(in_channels=128, out_channels=256, kernel_size=(3, 3), padding=1),
            nn.ReLU(inplace=True),
            nn.MaxPool2d(kernel_size=(2, 2), stride=2)
        )
        # 解码器为 3 个反卷积层
        # 转换数据格式
        # [batch_size, 256, 4, 4] → [batch_size, 128, 8, 8]
        # [batch_size, 128, 8, 8] → [batch_size, 64, 16, 16]
        # [batch_size, 64, 16, 16] → [batch_size, 3, 32, 32]
        self.decoder = nn.Sequential(
```

```
        nn.ConvTranspose2d(in_channels=256,out_channels=128,kernel_size=(5, 5)),
        nn.ReLU(inplace=True),
        nn.ConvTranspose2d(in_channels=128, out_channels=64, kernel_size=(9, 9)),
        nn.ReLU(inplace=True),
        nn.ConvTranspose2d(in_channels=64, out_channels=3, kernel_size=(17, 17)),
        nn.Tanh()
    )

    def forward(self, input):
        input = self.encoder(input)
        output = self.decoder(input)
        return input, output
```

（3）训练自编码器。

```
# cuda()函数只在 GPU 上训练；需要在 CPU 上训练时就删除该函数，还要删除后文的 cpu()
# 损失函数为均方误差
# 设置优化方法为 Adam，学习率为 1*10⁻⁵，即 0.00001
model = AutoEncoder().cuda()
criterion = nn.MSELoss().cuda()
optimizer = optim.Adam(model.parameters(), lr=1e-5)

model.train()        # 训练模式
Epoch = 100
batch_size = 100
train_batch = train_data.shape[0] / batch_size    # 计算有多少个批次
image_dataloader = DataLoader(dataset=image_dataset, batch_size=batch_size, shuffle=True)

for epoch in range(Epoch):
    cost = 0
    for image in image_dataloader:
        image = image.cuda()
        optimizer.zero_grad()                  # 清零梯度
        input, output = model(image)
        loss = criterion(output, image) # 计算损失
        cost += loss.item()
        loss.backward()                        # 反向传播
        optimizer.step()                       # 更新参数
    print('Epoch:', epoch+1, '\tLoss:', cost/train_batch)

# 存储模型的参数
torch.save(model.state_dict(), 'parameters.pth')
```

（4）进行降维、聚类操作，聚类结果如图 5-26 所示。

```
def predict(latent):
    # 先用 KPCA 降维，再用 TSNE 降至二维
    kpca = KernelPCA(n_components=200, kernel='rbf', n_jobs=-1).fit_transform(latent)
    print('KernelPCA:', kpca.shape)
```

```
    tsne = TSNE(n_components=2).fit_transform(kpca)
    print('TSNE:', tsne.shape)

    # 聚类
    prediction = MiniBatchKMeans(n_clusters=2, random_state=0).fit(tsne)
    prediction = [int(i) for i in prediction.labels_]
    prediction = numpy.array(prediction)
    return prediction, tsne

model = AutoEncoder().cuda()
model.load_state_dict(torch.load('parameters.pth'))    # 加载训练好的参数
model.eval()          # 评估模式

latents = inference(test_x, model)          # 将测试数据输入模型，获取编码器的输出
prediction, tsne = predict(latents)         # 对编码器的输出进行降维、聚类处理
accuracy = get_accuracy(test_y, prediction)
print('聚类的准确率:', accuracy)
print('聚类结果如图')
show_image(tsne, test_y)    # 展示聚类结果
```

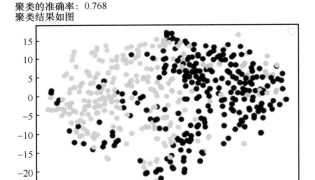

图 5-26　聚类结果

（5）查看原图与重构图，如图 5-27 所示。

```
plt.figure(figsize=(14,4))
index = [11,22,33,44,55,66,77,88,99]              # 查看 9 张图片
image = train_data[index, :]
# 查看原图
for i, img in enumerate(image):
    plt.subplot(2, 9, i+1, xticks=[], yticks=[])
    plt.imshow(img)

# 重构图
re_image = torch.Tensor(train_data_process[index, :]).cuda()
```

```
input, output = model(re_image)
# 输出的图片的像素值位于区间 -1~1，需要将其转到 0~1
output = ((output+1)/2).cpu().detach().numpy()
# 输出的图片格式为(N,C,H,W)，需要将其转为 (N,H,W,C)
output = output.transpose(0, 2, 3, 1)
# 展示重构图
for i, img in enumerate(output):
    plt.subplot(2, 9, 9+i+1, xticks=[], yticks=[])
    plt.imshow(img)

plt.tight_layout()
```

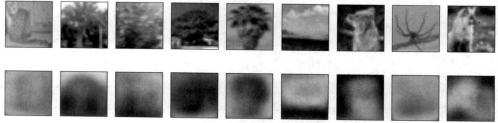

图 5-27　查看原图与重构图

此处的重构图并不是很理想，读者可以想办法（如修改模型、调整参数）改善自编码器的效果。

习　　题

1. 无监督学习是什么？可以把它分为几类？
2. PCA 的目的是什么？算法原理是什么？
3. 流形学习的主要算法有哪些？原理是什么？
4. 自编码器是什么？与 PCA 有什么联系、区别？

第6章 聚类算法概述

聚类是机器学习中一种重要的无监督学习技术，已被广泛应用于社交网络、舆情研究、图像识别、数据挖掘等领域。聚类的主要目的是把大量数据点的集合分成若干类，使每个类中的数据最大限度地相似，而不同类中的数据最大限度地不同，从而发现数据之间内在的联系和规律。聚类算法从 20 世纪 60 年代被提出，经过数十年的发展，已经变成了机器学习的庞大分支。本章首先从基本概念入手，让读者对聚类有整体的认识和理解；然后介绍基于划分、密度、图的聚类算法的原理，并通过图片聚类的项目实践让读者体会聚类的实际运用。

6.1 聚类算法简介

聚类也称为分组，主要是指根据数据的相似特征对数据集自动进行划分，把其划分成不同的簇，使同一个簇下的数据具有一定的相似性，而不同簇的数据之间的差异性则较大。聚类得到的簇可以用聚类中心、簇大小、簇密度和簇描述等表示。其中，聚类中心是指一个簇内所有样本点的均值，也就是质心；簇大小表示该簇中包含的样本数量；簇密度反映了簇内样本点之间的紧密程度；簇描述涉及簇内样本的业务特征，即反映了该簇中样本的共同特点或属性。

通常情况下，聚类的过程如下。

① 准备数据：包括对数据的特征标准化和降维。

② 选择特征：从最初的特征中选择最有效的特征，将其存储在向量中。

③ 提取特征：通过对所选的特征进行转换形成新的特征。

④ 聚类：选择适合特征类型的相似度函数（或构造新的相似度函数）进行相似性的度量、聚类（或分组）。

⑤ 评估聚类结果：对聚类结果进行评估。评估主要有 3 种：外部有效性评估、内部有效性评估和相关性测试评估。

聚类过程是将相似的数据聚类到同一簇中，不相似的数据聚类到不同的簇中。但是，人们对数据之间的"相似性"究竟是什么，仍然没有达成共识。因为对相似性的理解存在差异，人们采用的聚类思想不同，所以聚类算法被分为不同类别。其中最重要且应用最广泛的传统聚类算法主要为基于划分的聚类算法和基于密度的聚类算法。麦奎因提出的 K 均值聚类算法是经典的基于划分聚类的算法，其主要根据数据之间的距离来衡量相似性。艾瑟特等人于 1996 年提出的基于密度的噪声应用空间聚类（DBSCAN）算法是一种著名的基于密度的聚类算法，其主要根据密度和距离之间的相关性来衡量相似性。而罗德里格兹和莱奥在 2014 年提出的通过快速搜索和查找密度峰值进行聚类（DPC）的算法是另一种流行的基于密度的聚类算法。该算法能有效处理密集和稀疏数据点与簇之间的关系，实现任意形状数据的高效聚类。

虽然上述算法技术成熟且应用广泛，但也并非通用，几乎所有的聚类算法都存在某种缺点。例如，一些聚类算法更适合或只能用于处理一定类型的数据；一些聚类算法擅长处理具有某种特殊分布结构的数据，而不能很好地处理具有其他分布特征的数据。但在现实世界中，数据往往具有复杂的分布特点，或是具有多种类型，或是数量巨大，或是含有噪声，或是含有孤立点。因此，研究人员一直在研究可处理不同数据类型，适合不同任务的、更先进的聚类算法。近年来，量子聚类算法、谱聚类算法、粒度聚类算法、图聚类算法、同步聚类算法等也逐渐流行起来。

6.2　基于划分的聚类算法

基于划分的聚类算法首先对数据进行最基础的分组，并设定好聚类中心或聚类数目。然后通过反复迭代的方法对初分组进行加工，减小误差，从而使分组方案一次比一次好。即使同组的对象越来越近，不同组的对象越来越远，最后也能达到最优的分类效果。基于划分的聚类算法的优点是计算较为简便快捷；缺点在于它善于识别形状大小相近的簇，但不能处理形状分布较复杂或差别很大的簇，且需要对类别数目 K 提出要求，最终结果也极易受到噪声和孤立数据的影响。常见的基于划分的聚类算法有 K 均值聚类算法、最大期望（EM）算法等。

6.2.1　K 均值聚类算法

1967 年，麦奎因在他的论文《用于多变量观测分类和分析的一些方法》中首次提出"K 均值聚类"这一术语。经过数十年的发展，虽然人们已经针对聚类问题研发出多种算法，但 K 均值聚类算法仍然在前沿领域保持活跃，被广泛应用于各类领域，可见 K 均值聚类算法是一种非常经典且有效的聚类算法。

K 均值聚类算法对给定的包含 n 个数据对象的数据集，根据聚类相似度构建 K 个划分聚类的方法，每个划分聚类为一个簇，每个簇至少有一个数据对象。同时，每个数据对象必须属于而且只能属于一个簇，同时要满足同一簇中的数据对象相似度高，不同簇中的数据对象相似度低这一条件。在 K 均值聚类算法中，聚类相似度是利用各簇中对象的均值来进行计算并表示的。

K 均值聚类算法的执行流程：首先随机选择 K 个数据对象，每个数据对象代表一个簇中心，即选择 K 个初始化簇中心；然后对剩余的每个数据对象，根据其与各簇中心的相似度，将它赋给与其最相似的簇中心对应的簇；接着重新计算每个簇中所有对象的平均值，作为新的簇中心；最后重新计算数据与新簇中心的相似度，重新分组。不断重复以上过程，直到准则函数收敛，也就是簇中心不发生明显的变化，或者达到迭代次数为止。迭代过程如图 6-1 所示，数据集中 K 均值聚类算法迭代 6 次才满足聚类终止条件（即准则函数收敛）。K 均值聚类算法通常采用均方差作为准则函数，即最小化每个数据对象到最近簇中心的距离的平方和，新的簇中心的计算方法是计算该簇中所有数据对象的平均值，也就是分别对所有数据对象的各个维度的值求平均，从而得到簇的中心点。准则函数可以表示为

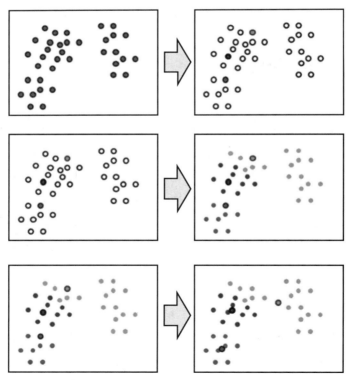

图 6-1　K 均值聚类算法的迭代过程

$$y = \sum_{i=1}^{k} \sum_{x \in c_i} \text{dist}(c_i, x)^2 \qquad (6\text{-}1)$$

其中，k 是簇的个数，c_i 是第 i 个簇的中心点，$\text{dist}(c_i, x)^2$ 为数据 x 到 c_i 的距离。例如，如果一个簇仅包括 3 个数据对象：$\{(6,4,8),(8,2,2),(4,6,2)\}$，那么通过均方差确定，这个簇的中心点就是 $\{(6+8+4)/3,(4+2+6)/3,(8+2+2)/3)\}$=$(6,4,4)$。

K 均值聚类算法虽然简单高效，易于理解和实现，但是该算法也存在一些难以弥补的缺陷。例如，在算法运行之初需要人为确定簇的个数 K，但确定簇个数往往比较困难。并且 K 均值聚类算法对初始值的设置很敏感，聚类的结果与初始值的选择有很大关系；对噪声和异常数据非常敏感，如果某个异常值很大，则会严重影响数据分布。该算法不能解决非凸形状的数据分布聚类问题，主要用于发现圆形或者球形簇，不能识别非球形的簇。因此，为了克服这些缺陷出现了许多改进版的 K 均值聚类算法，如 K 中心点算法、高斯随机初始中心点算法、基于最小生成树的 K 均值聚类算法等。

6.2.2 EM 算法

EM 算法是数据挖掘中的十大算法之一，可见 EM 算法在机器学习、数据挖掘领域中的影响力。EM 算法也是最常见的基于划分的聚类算法，在机器学习中有极为广泛的用途。

EM 算法是一种迭代优化策略，每次迭代包含两个关键步骤：期望步（E 步）和极大步（M 步）。EM 算法最初是为了解决数据缺失情况下的参数估计问题，有关 EM 算法的基础和收敛有效性等关键问题，详细的论述可在 1977 年登普斯特、莱尔德和鲁宾所写的《通过 EM 算法从完整数据中获得最大可能性》一文中找到。

EM 算法的聚类过程的整体思想如图 6-2 所示。我们已知样本服从的分布模型和从中随机抽取的样本，需要通过 EM 算法确定每个样本属于哪个分布以及模型的参数。总体而言，极大似然估计是一种统计学方法，用于估计模型的参数。EM 算法的具体聚类过程如图 6-3 所示。其基本思想是首先基于已观测数据进行模型参数的估计，然后根据上一步估计的参数值对缺失数据进行估计，最后将估计的缺失数据与已观测数据结合，重新对参数值进行估计。该过程不断迭代，直至最终达到收敛状态，才标志着迭代的结束。

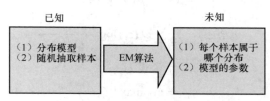

图 6-2 EM 算法的聚类过程的整体思想

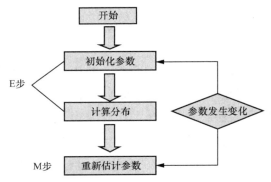

图 6-3　EM 算法的具体聚类过程

下面举例来进一步介绍 EM 算法。假设目前有 100 个男生和 100 个女生的身高，但是我们不清楚这 200 个数据中哪个是男生的身高，哪个是女生的身高，即我们不知道每个样本都是从哪个分布中抽取的。这时，对于每个样本，存在两个未知量需要估计：该身高数据来自男生身高数据集还是女生身高数据集？男生、女生身高数据集的正态分布的参数分别是多少？

那么对于上述未知量我们使用 EM 算法如何求解呢？具体过程如下。

（1）初始化参数：先初始化男生身高的正态分布的参数，如均值=1.65，方差=0.15。

（2）计算每一个人可能属于男生身高分布或者女生身高分布的概率。

（3）根据分为男生的 n 个人重新估计男生身高分布的参数（最大似然估计），按照相同的方式估计女生身高分布，更新分布。

（4）这时两个分布的概率也变了，然后重复步骤（1）～步骤（2），直到参数不发生变化为止。

经过上面的讲解，想必读者都已经理解了利用 EM 算法处理问题的步骤。下面我们用计算式总结 EM 算法的具体流程。

算法输入：观察到的数据 $x = \{x_1, x_2, x_3 x_4, \cdots, x_n\}$，联合分布为 $p(x, z, \theta)$，条件分布为 $p(z \mid x, \theta)$，最大迭代次数为 J。

算法输出：模型参数为 θ。

算法步骤：① 随机初始化模型参数 θ 的初值 θ_0；② $j=1,2,\cdots,j$，开始 EM 算法迭代。

E 步：计算联合分布的条件概率期望，计算式为

$$Q_i(z_i) = p\left(z_i \mid x_i, \theta_j\right) \tag{6-2}$$

$$l(\theta, \theta_j) = \sum_{i=1}^{n} \sum_{z_i} Q_i(z_i) \log \frac{p(x_i, z_i; \theta)}{Q_i(z_i)} \tag{6-3}$$

M 步：极大化 $l(\theta, \theta_j)$，得到 θ_{j+1}，计算式为

$$\theta_{j+1} = \arg \max l(\theta, \theta_j) \tag{6-4}$$

如果 θ_{j+1} 已经收敛，则算法结束。否则继续 E 步和 M 步进行迭代。

通过上述讲解可知，EM 算法是迭代求解最大值的算法，每次迭代分为 E 步和 M 步。更新隐含数据和模型分布参数，直到算法收敛，便得到了我们需要的模型参数。一种直观理解 EM 算法的思路是将其与 K 均值聚类算法相比较。在 K 均值聚类算法中，每个聚类簇的簇中心是隐含数据。我们会假设 K 个初始化簇中心，这对应于 EM 算法的 E 步；然后计算每个样本到最近簇中心的距离，将样本聚类到最近的簇中心，对应 EM 算法的 M 步。重复 E 步和 M 步，直到簇中心不再变化，从而完成整个 EM 算法过程。需要注意的是，高斯混合模型也是 EM 算法的一个应用。

6.3　基于密度的聚类算法

基于密度的聚类算法通常选取一个数据作为簇中心，先计算在单位体积内的数据样本的个数，以表示样本的密度；再选定一个阈值，作为高密度区域和低密度区域的筛选标准。在样本空间中，密度高于阈值的区域被划分为高密度区域，被看作一组，符合该条件的继续聚类。该算法的关键在于对阈值的选取，细微的设置差异便可能使聚类结果相差甚远。基于密度的聚类算法在应用时可以不先预知聚类的数目，且该算法是基于样本的密度进行的，因此不受样本形状的局限。同时，基于密度的聚类算法能够有效清除异常数据、噪声。然而该算法的主要缺点是可能在进行统计时无法得到均匀的密度图，不真实的极值会导致产生伪聚类。常见的基于密度的聚类算法有 DBSCAN 算法、DPC 算法等。

6.3.1　DBSCAN 算法

DBSCAN 算法是艾斯特等人于 1996 年提出的，是目前公认的典型的基于密度的聚类算法。在基于密度的聚类算法中，人们认为簇是高密度区域，将这些区域与低密度区域分隔，以此方式来消除噪声点和孤立点数据的影响，而无论簇的形状如何都能够被有效地发现。DBSCAN 算法通过识别高密度连接区域来划分簇。在 DBSCAN 算法中，簇被定义为密度相连的点的最大集合，具有显著的高密度区域特征。

DBSCAN 算法有两个重要参数：Eps 和 MinPts。Eps 是定义密度时的邻域半径，MinPts 为定义核心点时的阈值。在 DBSCAN 算法中数据点被分为以下 3 类。

① 核心点。如果一个对象在其半径 Eps 内含有超过 MinPts 个点，则该对象为核心点。

② 边界点。如果一个对象在其半径 Eps 内含有点的数量小于 MinPts，但是该对象落在核心点的邻域内，则该对象为边界点。

③ 噪声点。如果一个对象既不是核心点也不是边界点，则该对象为噪声点。通俗地讲，核心点对应密集区域内部的点，边界点对应密集区域边缘的点，而噪声点对应稀疏区域中的点。

如图 6-4 所示，假设 MinPts=5，Eps 如箭头线所示，则点 A 为核心点，点 B 为边界点，点 C 为噪声点。点 A 因为其 Eps 邻域含有 7 个点，超过了 5，所以是核心点。点 B 和点 C 因为其 Eps 邻域含有点的个数均少于 5，所以不是核心点。点 B 因为落在了点 A 的 Eps 邻域内，所以点 B 是边界点；点 C 因为没有落在任何核心点的邻域内，所以是噪声点。

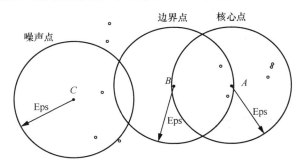

图 6-4　DBSCAN 算法数据点类型示意

如图 6-5 所示，点 a 为核心点，点 b 为边界点，并且 a 直接密度可达 b，但是 b 不直接密度可达 a（因为 b 不是一个核心点）。因为 c 直接密度可达 a，a 直接密度可达 b，所以 c 密度可达 b。因为 b 不直接密度可达 a，所以 b 不直接密度可达 c，但是 b 和 c 密度相连。

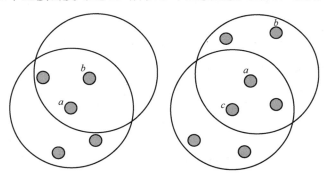

图 6-5　直接密度可达和密度可达示意

除此之外，DBSCAN 算法的一些基本概念如下。

（1）Eps 邻域：简单来讲就是与其他点的距离小于等于 Eps 的所有点的集合。

（2）直接密度可达：如果数据对象 p 在 q 的 Eps 邻域内，则称数据对象 p 从 q 出发是直接密度可达的。

（3）密度可达：如果存在数据对象链 $p_1, p_2, \cdots, p_n, p_{i+1}$，这些对象是直接密度可达的，则根据 Eps 和 MinPts 的定义，这些数据对象被认为是密度可达的。

（4）密度相连：如果存在核心对象样本 o，使数据对象 p 和 q 均从 o 密度可达，则称数据对象 p 和 q 密度相连。显然，密度相连具有对称性。

（5）密度聚类簇：由一个核心点和与其密度可达的所有对象构成。

DBSCAN 算法简单地定义了簇——由密度可达关系推导而来的最大密度相连样本的集

合。每个 DBSCAN 聚类簇可以包含一个或多个核心点。当簇仅包含一个核心点时，该核心点的 Eps 邻域涵盖了簇内所有其他非核心点样本。若存在多个核心点，则每个核心点的 Eps 邻域必然包含另一个核心点，否则这两个核心点无法通过密度可达关系相连。

经过上面的讲解，想必读者都已经初步理解了 DBSCAN 算法，下面我们总结 DBSCAN 算法的具体流程。

（1）在数据集中任意选取一个数据对象 p。

（2）如果对于参数 Eps 和 MinPts 来说，所选取的数据对象 p 为核心点，则找出所有从 p 出发密度可达的数据对象，形成一个簇。

（3）如果选取的数据对象 p 是边缘点，则选取另一个数据对象。

（4）重复步骤（2）和步骤（3），直到所有点被处理。

和传统的 K 均值聚类算法相比，DBSCAN 算法具有一些显著的优势。首先，DBSCAN 算法不需要输入簇数 K，而且可以发现任意形状的聚类簇，同时，它在聚类时可以识别出异常点。DBSCAN 算法能够对任意形状的密集数据集进行聚类，对数据集中的异常点不敏感。不仅如此，DBSCAN 算法的聚类结果没有偏移，而 K 均值聚类算法的初始值对聚类结果有很大影响。

为了使读者更好地理解 DBSCAN 算法的聚类原理，下面给出一个样本数据集，如图 6-6 所示。并对其实施 DBSCAN 算法进行聚类，取 Eps=3，MinPts=3。

p_1	p_2	p_3	p_4	p_5	p_6	p_7	p_8	p_9	p_{10}	p_{11}	p_{12}	p_{13}
1	2	2	4	5	6	6	7	9	1	3	5	3
2	1	4	3	8	7	9	9	5	12	12	12	3

图 6-6　DBSCAN 算法样本数据集

数据集中的样本数据在二维空间内的表示，如图 6-7 所示。

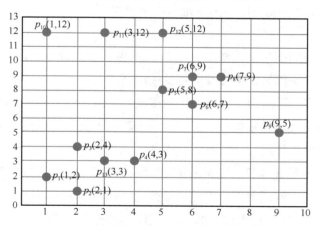

图 6-7　数据集中的样本数据在二维空间内的表示

实施 DBSCAN 算法的步骤如下。

第一步，按顺序扫描数据集的样本点，选取第一个点 $p_1(1,2)$。执行以下步骤：①计算 p_1 的邻域，即计算每一个点到 p_1 的距离，例如 $d(p_1,p_2)$=sqrt(1+1)=1.414；②根据每个样本点到 p_1 的距离，计算出 p_1 的 Eps 邻域为 $\{p_1,p_2,p_3,p_{13}\}$；③由于 p_1 的 Eps 邻域含有 4 个点，大于 MinPts，因此 p_1 为核心点；④以 p_1 为核心点建立簇 C_1，找出所有从 p_1 出发密度可达的点；⑤由于 p_1 邻域内的点都是 p_1 直接密度可达的点，它们都属于簇 C_1；⑥继续寻找从 p_1 出发密度可达的点，例如 p_2 的邻域为 $\{p_1,p_2,p_3,p_4,p_{13}\}$，因为 p_1 密度可达 p_2，p_2 密度可达 p_4，所以 p_1 密度可达 p_4，因此 p_4 也属于 C_1；⑦处理 p_3 和 p_{13}，它们虽然是核心点，但它们的邻域内的点都已经在 C_1 中；⑧以此类推，最终得到簇 C_1，包含点 $\{p_1,p_2,p_3,p_{13},p_4\}$。

第二步，继续顺序扫描数据集中的样本点，选取第二个点 $p_5(5,8)$。执行以下步骤：①计算 p_5 的邻域，计算出每一个点到 p_5 的距离，例如 $d(p_1,p_8)$=sqrt(4+1)=2.236；②根据每个样本点到 p_5 的距离，计算出 p_5 的 Eps 邻域为 $\{p_5,p_6,p_7,p_8\}$；③由于 p_5 的 Eps 邻域含有 4 个点，大于 MinPts，因此 p_5 被标记为核心点；④以 p_5 为核心点建立簇 C_2，找出所有从 p_5 出发密度可达的点，得到簇 C_2，包含点 $\{p_5,p_6,p_7,p_8\}$。

第三步，继续顺序扫描数据集中的样本点，选取 $p_9(9,5)$。执行以下步骤：①计算出 p_9 的 Eps 邻域为 $\{p_9\}$，由于邻域中的点数小于 MinPts，因此 p_9 不满足核心点的条件；②结束对 p_9 的处理。

第四步，继续顺序扫描数据集中的样本点，选取 $p_{10}(1,12)$。执行以下步骤：①计算出 p_{10} 的 Eps 邻域为 $\{p_{10},p_{11}\}$，由于邻域中的点数小于 MinPts，因此 p_{10} 不符合核心点的标准；②结束对 p_{10} 的处理。

第五步，继续顺序扫描数据集中的样本点，选取 $p_{11}(3,12)$。执行以下步骤：①计算出 p_{11} 的 Eps 邻域为 $\{p_{11},p_{10},p_{12}\}$，由于邻域中的点数等于 MinPts，因此 p_{11} 被判定为核心点；②计算出 p_{12} 的邻域为 $\{p_{12},p_{11}\}$，p_{12} 不是核心点；③以 p_{11} 为核心点建立簇 C_3，包含点 $\{p_{11},p_{10},p_{12}\}$。

第六步，继续扫描数据集中的样本点，p_{12}、p_{13} 都已经被处理过，算法结束，完成聚类。

尽管 DBSCAN 算法因其诸多优点而备受关注，成为基于密度的聚类算法的代表之一，但是 DBSCAN 算法在实际应用中也暴露了诸多缺点。例如，当样本集的密度不均匀、聚类间距大时，该算法的聚类质量较差。当样本集较大时，聚类收敛时间较长（可以对搜索最近邻时建立的 KD 树或者球树进行规模限制来改进）。此外，DBSCAN 算法调试参数比较复杂，主要在于需要对邻域半径 Eps 和阈值 MinPts 进行联合调参，不同的参数组合对最后的聚类效果有较大影响。若对整个数据集只采用一组参数，数据集中存在不同密度的簇或者嵌套簇，则不能用 DBSCAN 算法处理。为了解决这个问题，有人提出了 OPTICS 算法。虽然 DBSCAN

算法在过滤噪声方面表现出色，但这也导致其在某些领域具有局限性，例如不适用于网络安全领域对恶意攻击进行判断。

6.3.2　DPC 算法

DPC 算法考虑了基于密集、分离的点和簇之间的关系，该算法特别适用于非球形集群。DPC 算法在复杂形状簇下可以实现完美聚类，如图 6-8 所示。

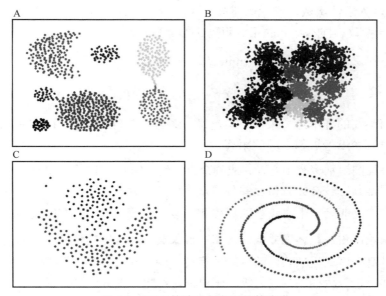

图 6-8　DPC 算法对复杂形状簇聚类

DPC 算法的核心思想集中在对聚类中心的特征描述上。该算法的提出者认为聚类中心同时具有两个关键点：首先，聚类中心本身的密度较大，即其周围邻居的密度都不超过它自身；其次，与其他密度更大的数据对象相比，聚类中心之间的距离相对较大。

DPC 算法除了假设聚类中心是局部密度峰值，且与其他局部密度峰值点之间距离较大之外，还认为非聚类中心应该和距离其最近的高密度点在相同的簇中。因此 DPC 算法的关键步骤主要包括：构建相似度矩阵；计算局部密度和相对距离；根据决策图识别聚类中心，完成剩余点分配。具体过程如下。

（1）构建相似度矩阵：设数据集为包含 n 个数据点的输入数据集，在 DPC 算法中通常使用欧几里得距离衡量相似性。欧几里得距离的计算式为

$$d_{ij} = \sqrt{(x_i - x_j)^2} \tag{6-5}$$

其中，d_{ij} 表示两点间的欧几里得距离，通过计算全局数据点之间的相似度构建相似度矩阵，表示为

$$D = [d_1, d_2, \cdots, d_n]^2 \qquad (6\text{-}6)$$

其中，D 是对称满秩矩阵，d_n 表示 n 维度列向量。

（2）计算局部密度和相对距离。根据相似度矩阵，计算样本点 x_i 的局部密度 ρ_i 和相对距离 δ_i。局部密度 ρ_i 的计算式为

$$\rho_i = \sum_{j,j\neq i} X(d_{ij} - d_c) \qquad (6\text{-}7)$$

其中，$X(x)$ 为示性函数，当 $x<0$ 时，$X(x)=1$，否则 $X(x)=0$。d_c 表示截断距离，为 DPC 算法的唯一参数。样本点 x_i 的相对距离 δ_i 的计算式为

$$\delta_i = \begin{cases} \min\limits_{j,p_j > p_i} d_{ij}, & \rho_i < \max(\rho) \\ \max\limits_{j} d_{ij}, & \rho_i = \max(\rho) \end{cases} \qquad (6\text{-}8)$$

对于密度值最高的样本点 x_i 来说，δ_i 是其与最远点之间的距离。而非密度最大样本点的 δ_i 值为该点和其高密度最近邻之间的距离。

（3）根据决策图识别聚类中心，完成剩余点分配。DPC 算法假设聚类中心是局部密度峰值，密度峰值通常具有较高的 ρ 值，并且通常距离其最近的高密度最近邻较远，这表明其具有较高的 δ 值。对比非聚类中心较小的 ρ 值和 δ 值，少数样本点具有较大的 ρ 值和 δ 值，这种差异性能在决策图中进行体现并检测。在集群聚类中心确定的情况下按照密度 δ 值降序将剩余点分配给其高密度最近邻相同的簇完成聚类。图 6-9（a）所示的数据集包含 28 个二维数据点，在平面上以 ρ 为横轴、δ 为纵轴画出来，结果如图 6-9（b）所示。

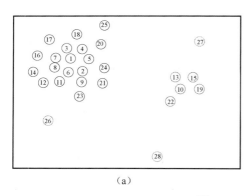
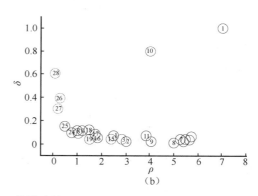

（a） （b）

图 6-9 DPC 算法决策

从图 6-9（b）可以发现，①号和⑩号数据点由于同时具有较大的 ρ 值和 δ 值，从数据集中"脱颖而出"。而这两个数据点恰好是图 6-9（a）所示数据集的两个聚类中心。此外，编号为㉖、㉗、㉘的 3 个数据点在原始数据集中是"离群点"，它们在图 6-9（b）中也很有特点——δ 值很大，但 ρ 值很小。可见，图 6-9（b）对确定聚类中心具有决定作用，因此也将这种以 ρ 为横轴、δ 为纵轴的图称为决策图。然而，需要注意的是，在确定上述聚类中心时，采用的是定性

分析而不是定量分析，且包含了主观因素。有时同样的决策图由不同的人看可能得出不同的结果，有的人可能认为这几个是聚类中心，而有的人认为那几个是聚类中心。

完成了聚类中心的选取，接下来就要完成非聚类中心的归类。需要注意的是，DCP 对非聚类中心归类时，是按照 ρ 值从大到小的顺序进行遍历的。之所以这样做，是想借助密度值来逐层扩充每一个簇，所有的低密度点都完成分组才宣告聚类结束。

6.4　基于图的聚类算法

随着聚类技术的发展，新的聚类算法层出不穷，其中基于图的聚类算法居于领先地位。多项研究表明，与其他聚类算法相比，基于图的聚类算法有明显的优势，能在任意形状和密度的数据情况下准确聚类。所以其在现实生活中得到了广泛的应用，如文本挖掘、网页划分、图像分割、视频分割及语音识别等。

基于图的聚类算法进行聚类时，首先建立与具体问题相适应的图。在这个图中，节点代表被分析数据的基层单元，边代表基层单元之间的相似性度量（或相异性度量）。通常，每个基层单元之间都会有一个度量来表达它们之间的联系，以保持数据集的局部分布特性。基于图的聚类算法主要依赖数据集的局部连接特征进行聚类，因而易于处理局部数据的特性。

基于图的聚类算法中的图往往由以下几部分表示。

① 顶点：样本点。

② 聚类：顶点的划分。

③ 边：样本点的相似度。$G(V,E)$ 表示无向图，$V = \{v_1, v_2, v_3, \cdots, v_m\}$ 为点的集合，E 为边集。数据点的图表示具体如图 6-10 所示。

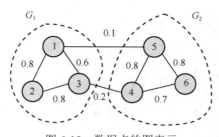

图 6-10　数据点的图表示

输入数据中的点被表示为图后，图会被完全划分成若干个子图，若各个子图无交集即同子图内的点相似度高，则表明不同子图间的点相似度低。而为了量化划分出来的不同子图的质量，基于图的聚类算法使用以下损失函数，也就是在划分过程中需要将损失函数最小化。

$$\text{Cut}(G_1, G_2) = \sum_{i \in G_1, j \in G_2} w_{ij} \qquad (6\text{-}9)$$

其中，w_{ij} 表示两点权重图。

在基于图的聚类算法中，谱聚类算法是一种常用的方法，它通过对样本数据的拉普拉斯矩阵的特征向量进行分析来完成聚类。

谱聚类算法是一种连续优化算法，通过分析特征向量与特征值，获得聚类结果。谱聚类算法首先需要获取拉普拉斯矩阵 L。由于矩阵间存在 $L=D-W$ 的关系，因此想要得到拉普拉斯矩阵，先要获取 W 矩阵和 D 矩阵。其中，W 为权重矩阵，且主对角线元素都为 0；D 为相似度矩阵，当 $i=j$ 时 D_{ij} 为 0，否则 D_{ij} 为以 i 为一个顶点的所有边的权重之和。

拉普拉斯矩阵 L 是一个半正定矩阵（即所有特征值非负），其最小特征值为 0，对应的特征向量为单位向量。要计算拉普拉斯矩阵 L 的特征值与特征向量，首先需要取最小的前 K 个特征值对应的特征向量，构成一个矩阵；然后将矩阵的每一行看作一个样本点，并对其进行 K 均值聚类，从而得到 K 个簇，完成聚类。

为了让读者进一步理解谱聚类算法，下面引入一个具体的例子，假设已知图 G，如图 6-11 所示。

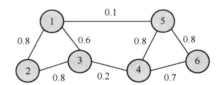

图 6-11　样本数据集的图表示

图 G 的权重矩阵 W 和相似度矩阵 D 的计算结果如图 6-12 所示。

权重矩阵 W

i/j	1	2	3	4	5	6
1	0.0	0.8	0.6	0.0	0.1	0.0
2	0.8	0.0	0.8	0.0	0.0	0.0
3	0.6	0.8	0.0	0.2	0.0	0.0
4	0.0	0.0	0.2	0.0	0.8	0.7
5	0.1	0.0	0.0	0.8	0.0	0.8
6	0.0	0.0	0.0	0.7	0.8	0.0

相似度矩阵 D

i/j	1	2	3	4	5	6
1	0.5	0.0	0.0	0.0	0.0	0.0
2	0.0	1.6	0.0	0.0	0.0	0.0
3	0.0	0.0	1.6	0.0	0.0	0.0
4	0.0	0.0	0.0	1.7	0.0	0.0
5	0.0	0.0	0.0	0.0	1.7	0.0
6	0.0	0.0	0.0	0.0	0.0	

图 6-12　权重矩阵 W 和相似度矩阵 D 的计算结果

通过权重矩阵 W 和相似度矩阵 D，进一步计算拉普拉斯矩阵 L，计算结果如图 6-13 所示。

拉普拉斯矩阵L

i \ j	1	2	3	4	5	6
1	0.5	−0.8	−0.6	0.0	−0.1	0.0
2	−0.8	1.6	−0.8	0.0	0.0	0.0
3	−0.6	−0.8	1.6	−0.2	0.0	0.0
4	0.0	0.0	−0.2	1.7	−0.8	−0.7
5	−0.1	0.0	0.0	−0.8	1.7	−0.8
6	0.0	0.0	0.0	−0.7	−0.8	1.5

图 6-13　拉普拉斯矩阵 L 的计算结果

最后由 $Lx = \lambda x$，其中，$x \in R^n$，计算出 L 的次小特征向量，按其值的正负将其分成两类，从而完成聚类，具体如图 6-14 所示。第 7 列是次小特征向量。

1	2	3	4	5	6	7
0.408	−0.408	−0.647	−0.306	−0.379	0.106	−0.408
0.408	−0.442	0.014	0.305	0.705	0.215	−0.442
0.408	−0.371	0.638	0.045	−0.388	−0.368	−0.371
0.408	0.371	0.339	−0.455	−0.001	0.612	0.371
0.408	0.405	−0.167	−0.305	−0.351	−0.652	0.405
0.408	0.445	−0.178	0.716	0.289	0.087	0.405

图 6-14　样本数据集的次小特征向量

通过前文的讲解，相信读者已经了解了基于图的聚类算法的原理。可以看出，基于图的聚类算法比其他聚类算法稍复杂，但其性能稳定，参数较少，而且聚类结果的可解释性较好。深入理解基于图的聚类算法的优缺点，有助于我们更好地选择合适的聚类算法。

6.5　项目实践：人脸图像聚类

本节将以项目实践的方式，使用 DPC 算法来对人脸图像进行聚类。实践将按照以下 3 个步骤进行。

（1）处理图像数据，即将图像数据处理为向量数据。原始数据如图 6-15 所示，向量数据如图 6-16 所示。

```
import cv2
import pandas as pd
import imageio
from PIL import Image,ImageSequence
img=cv2.imread(file_path,0)
```

```
img=cv2.resize（img,（32,32),interpolation=cv2.INTER_LINEAR）# 更改图像尺寸
cv2.imwrite（path_after_pro+"\\"+file_name,img）# 将图像大小保存为16*16
res=img.reshape（1,-1）# 将图像矩阵改变成一行元素
res=np.insert（res,0,i+1,axis=1)#在数组前面加上标签
all_data=np.row_stacK（（all_data,res））
```

图 6-15   原始数据

```
1,51,53,45,39,53,63,50,51,67,89,115,117,85,72,79,75,74,78,84,68,49,52,50,60,44,77,80,81,62,40,51,51,45,46,46,57,67,48,46,65,69,90,80,103,75,71,84,111,97,95,93,66,78,90,96,60,57,85,79,73,68,44,34,
,168,169,171,172,173,180,189,188,191,182,178,173,173,177,176,175,175,115,81,59,41,39,47,54,68,61,112,150,162,165,173,173,172,178,183,195,195,185,187,176,171,173,175,176,174,1
165,151,152,152,155,156,158,165,169,167,151,131,136,140,143,179,129,163,148,170,175,173,167,165,163,167,172,179,164,159,167,179,173,158,165,161,164,165,168,170,171,167,146,136,135,176,
38,40,43,52,51,47,43,42,38,175,190,200,195,185,188,182,168,153,150,138,140,153,169,174,179,178,164,153,136,110,38,42,44,43,41,49,49,47,47,40,155,180,192,191,195,193,191,184,175,164,173,
1,73,61,62,74,90,87,90,130,128,143,142,145,146,146,151,163,172,155,163,172,155,169,107,101,74,64,73,58,60,84,72,84,96,116,129,144,146,147,163,175,184,171,165,169,168,1∈
75,181,186,183,192,185,179,175,173,171,170,172,165,162,160,163,165,162,150,84,48,83,107,162,169,168,165,162,166,166,148,168,176,170,170,168,171,171,173,174,170,172,171,168,168,161,1
,171,174,172,170,168,166,142,145,143,149,151,149,151,41,166,171,173,169,166,165,177,169,166,165,162,159,41,169,168,176,166,166,170,170,168,171,182,186,179,172,174,165,159,168,179,186,1
13,102,106,105,110,140,161,164,160,150,31,39,37,171,189,158,167,176,187,197,196,191,189,189,183,164,139,132,132,131,132,140,132,125,123,117,120,119,140,159,158,85,37,36,36,146,184,183,1⁵
1,43,56,52,43,69,83,89,100,114,122,105,106,114,132,149,140,141,147,134,132,122,96,90,95,80,74,53,67,63,38,48,45,53,60,66,82,108,124,143,153,153,153,166,167,155,161,164,165,162,152,⁷
,174,173,172,158,143,103,53,52,55,48,47,32,62,118,159,162,159,171,176,175,176,178,180,187,182,190,187,182,176,177,175,174,173,174,174,161,146,122,44,66,116,138,48,49,56,108,153,157,167,1⁷
4,142,148,156,53,45,135,188,167,160,172,173,175,174,163,158,163,165,172,45,139,160,168,165,144,153,183,182,187,172,167,162,1∈
2,92,98,96,98,88,86,106,132,164,174,170,149,99,36,36,39,39,40,50,49,46,45,46,142,152,179,194,189,182,188,165,144,137,134,126,125,137,153,173,177,172,151,134,70,35,34,36,38,40,40,47,49,48
1,44,29,34,57,78,96,106,117,124,143,156,166,180,181,187,155,150,142,106,93,105,107,96,77,84,86,64,65,51,39,32,51,82,111,127,140,150,160,161,164,170,178,204,204,201,195,183,178,188,179,186,1
90,188,188,187,186,184,189,186,181,173,171,159,97,87,74,49,66,78,124,147,152,151,148,155,160,168,171,174,175,174,166,151,133,130,136,150,165,163,168,174,180,168,175,161,129,85,64,64,59,9
84,187,186,181,173,170,165,154,100,103,123,120,132,141,150,159,169,175,179,180,183,188,193,192,188,182,179,166,144,148,166,171,47,39,36,34,30,72,107,111,122,117,105,131,124,132,146,160,167,1⁷
1,65,78,68,59,47,53,64,97,121,141,154,155,161,161,164,158,163,165,174,172,188,180,154,75,10,89,54,53,53,37,37,57,72,84,84,111,77,184,196,185,184,187,192,195,199,21
209,198,197,195,192,190,191,189,187,184,181,181,180,158,75,51,35,42,61,108,144,155,160,163,174,180,169,187,189,186,176,176,176,184,184,190,189,187,191,189,180,164,148,157,158,155,51,53,2
03,194,176,180,176,178,170,170,44,107,120,130,132,145,152,168,174,174,181,184,192,197,193,192,191,187,154,152,157,173,177,188,200,193,171,183,183,180,172,169,44,108,117,127,127,136,147,
8,131,47,47,30,83,117,67,88,104,116,129,144,150,157,162,165,167,175,176,163,176,169,187,189,186,176,176,176,184,188,183,184,178,52,46,45,33,65,115,106,65,83,91,115,131,135,144,150,160,163,164
```

图 6-16   向量数据

（2）实现 DPC 算法。

```
# 计算数据点两两之间的距离
defgetDistanceMatrix（datas）:
N,D=np.shape（datas）#获得数据的行和列，N 表示 N 行，D 表示 D 列
dists=np.zeros（[N,N]）#样本点矩阵大小为 N*N
# 计算每个点到坐标原点的距离
foriinrange（N）:#N 表示样本点的数目
forjinrange（N）:
vi=datas[i,:]#获取第 i 个数据，也就是取 i 行
vj=datas[j,:]#获取第 j 个数据，也就是取 j 行
dists[i,j]=np.sqrt（np.dot（（vi-vj）,（vi-vj）））#计算两点间欧几里得距离，sqrt 表示开平方,dot 表示内积
# 计算每个点的局部密度
defget_density（dists,dc,method=None）:
foriinrange（N）:
```

```
if method is None:
    rho[i]=np.where (dists[i,:]<dc) [0].shape[0]-1
else:
    rho[i]=np.sum (np.exp (- (dists[i,:]/dc) **2) ) -1
return rho
# 计算每个数据点的密度距离（即对每个点，找到密度比它大的所有点）
def get_deltas (dists,rho) :
    # 将密度按从大到小排序
    index_rho=np.argsort (-rho)
    for i,index in enumerate (index_rho) :
        index_higher_rho=index_rho[:i]
        # 获取这些点与当前点的距离，并找最小值
        deltas[index]=np.min (dists[index,index_higher_rho])
        # 保存最近邻点的编号
        index_nn=np.argmin (dists[index,index_higher_rho])
        nearest_neiber[index]=index_higher_rho[index_nn].astype (int)
    deltas[index_rho[0]]=np.max (deltas)
    return deltas,nearest_neiber
def cluster_PD (rho,centers,nearest_neiber) :
    # 对几个聚类进行标号
    for i,center in enumerate (centers) :
        labs[center]=i+1
    # 将密度按从大到小排序
    index_rho=np.argsort (-rho)
    for i,index in enumerate (index_rho) :
        # 从密度大的点开始标号
        if labs[index]==-1:
            # 如果某个点没有被标记过，那么该点的聚类标号与距离其最近且密度比其大的点的标号相同
            labs[index]=labs[int (nearest_neiber[index])]
    return labs
```

（3）归一化，将图像数据标准化至[0,1]的区间内。

```
data1,labels_true,file_name,dc,centers_number=getData ()
data= (data1-np.min (data1,axis=0) ) / (np.max (data1,axis=0) -np.min (data1,axis=0) )
#归一化
```

（4）利用 DPC 算法聚类归一化的数据。

```
# 计算距离矩阵
dists=getDistanceMatrix (data)
# 计算 dc
# dc=select_dc (dists)
# dc=2.2
print ("dc",dc)
# 计算局部密度
rho=get_density_try (dists,dc)
# 计算密度距离
deltas,nearest_neighbor=get_deltas (dists,rho)
```

```
# 绘制密度/距离分布图
# draw_decision (rho,deltas,name=f_name+"_decision.jpg")
# 获取聚类中心
centers=find_centers_K (rho,deltas,c_number)
print ("centers",centers)
# 预测剩余点分配标签
label_pred=cluster_PD (rho,centers,nearest_neighbor)
# 绘制聚类结果
draw_cluster (data,label_true,centers,dic_colors,name=f_name+"_cluster.jpg")
```

习　题

1. 什么是聚类？
2. 聚类的主要任务是什么？
3. 什么是 K 均值聚类算法？
4. EM 算法和 K 均值聚类算法的相同点是什么？
5. 基于密度的聚类算法的主体思想是什么？
6. 什么是 DBSCAN 算法？
7. 什么是 DPC 算法？

第7章 深度学习概述

深度学习作为机器学习领域的新兴方向，旨在构建模拟人脑用于分析学习的神经网络，通过模仿人脑的工作机制来解释各种数据，包括图像、声音和文本。本章将详细介绍深度学习的核心概念和发展历程，深入讨论反向传播算法以及深度学习的基本模型。最后，通过实际项目实践，帮助读者深入理解深度学习的应用。

7.1 深度学习简介

深度学习（DL）是一种以人工神经网络为架构，对数据进行表征学习的算法。它的概念源于人工神经网络的研究，含多个隐藏层的多层感知器就是一种深度学习模型。至今已有数种深度学习模型，如深度神经网络（DNN）、卷积神经网络（CNN）、循环神经网络（RNN）和生成对抗网络（GAN）等。它们已被应用在计算机视觉、语音识别、自然语言处理等领域并取得了很好的效果。利用深度学习使机器模仿视听和思考等人类的活动，解决了很多复杂的模式识别问题，与此同时，人工智能相关技术也取得了很大的进步。

深度学习在文本生成、图像识别、语音识别上发挥了关键作用，引领了第三次人工智能浪潮。当前，绝大多数表现卓越的应用都广泛应用深度学习技术，典型案例如 ChatGPT。深度学习与人工智能、机器学习之间存在包含关系，如图 7-1 所示。简而言之，机器学习是人工智能的一种实现途径，而深度学习又是机器学习的一种算法。

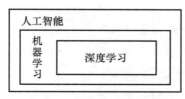

图 7-1 深度学习与人工智能、机器学习的关系

深度学习备受关注的主要原因是其具备以下几个优势。

（1）强大的学习能力：深度学习表现出卓越的学习能力，其在产生结果方面表现出色。

（2）良好的适应性：涉及多层次的神经网络，深度学习在理论上可以映射到任意函数，因而能够处理复杂多变的问题。

（3）高上限：深度学习对数据量的依赖极高，数据规模越大，其性能表现得越优。在图像识别、面部识别等领域，其性能甚至超越了人类。

深度学习虽然是目前热门的机器学习算法，但并不意味着这是机器学习的终点。目前，深度学习仍然面临以下挑战和限制。

（1）依赖庞大的数据：深度学习模型在展现出良好效果时通常需要大规模训练数据的支持。然而，在实际应用中，我们常常面临小样本问题，这使深度学习模型难以进行有效的训练和泛化。

（2）计算量庞大：深度学习对大规模计算资源的需求巨大，导致高昂的成本。此外，许多应用目前仍不太适合在移动设备上运行，这加大了实际应用的困难程度。

（3）高硬件要求：深度学习对计算力的要求较高，传统的中央处理器（CPU）已经难以满足深度学习的计算需求。目前主流的计算硬件采用图形处理器（GPU），这带来了昂贵的硬件成本。

深度学习的灵感源自人脑的运作原理，但并不意味着它是对人脑的直接模拟。举一个例子，一个三四岁的孩子在看过一辆自行车后，即使再见到外观完全不同的自行车，也能判断出它是自行车。这突显了人类学习不需要大规模训练数据的特点，而深度学习显然不同于人类学习。人脑是自然演化的产物，由无数个细胞组成，不断受到环境的塑造。相比之下，深度学习模型更像是将数学公式组合成神经网络，通过判断最终结果的概率进行决策。由于深度学习依赖数据，并且可解释性不高，在训练数据不平衡的情况下会出现歧视等问题。因此，虽然深度学习模型能够像人脑一样进行图像判断和声音识别，但其无法像人脑那样进行有意识的判断。深度学习模型缺乏对环境的进化和塑造，更侧重于从大规模数据中学到规律。

7.2　感知器

感知器是由弗兰克·罗森布拉特于 1957 年在康奈尔航空实验室发明的一种人工神经网络，被视为最简单的前馈神经网络，其设计灵感源于对生物神经细胞的简单抽象。生物神经细胞包含树突、突触、细胞体和轴突等结构，单个生物神经细胞可被看作只有两种状态（激活时为"是"，未激活时为"否"）的机器。它的状态取决于从其他神经细胞收到的输入信号量及突触的强度。当信号量总和超过某个阈值时，细胞体就会被激活产生电脉冲。电脉冲沿着轴突并通过突触传递到其他神经元。人体神经元模型如图 7-2 所示。

感知器的基本概念可以和生物神经细胞的各个部位进行类比，如权重（对应于突触）、偏置（对应于阈值）、激活函数（对应于细胞体）。图 7-3 所示为初级感知器模型，其中圆圈代表一个感知器，它接收多个输入（x_1, x_2, x_3）并产生一个输出，犹如神经末梢感知外部环境的变化并最终产生电信号

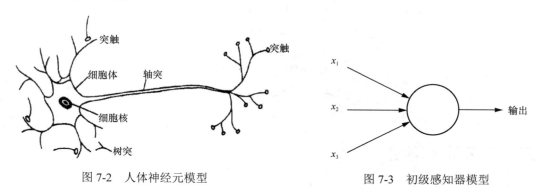

图 7-2　人体神经元模型　　　　　　　　图 7-3　初级感知器模型

当然，人体的每个神经元对刺激的反应程度是不一样的，有的神经元可能对某些信号表现得很兴奋，而有的神经元则对某些信号并不敏感。在宏观层面上，可以通过这些神经元的反应来看一个人的情绪状态。在感知器中，通常会引入权重表示每个感知器对信号的兴奋程度。在现实中，各种因素很少具有同等重要性：一些因素是决定性的，另一些因素则相对次要。因此，可以给这些因素指定权重，代表它们具有不同的重要程度。

除了考虑神经元的兴奋程度外，每个神经元还具有固定的阈值。例如，如果一个神经元从其他多个神经元接收了输入信号，且这些信号之和较小，未达到神经元固有的阈值，那么这个神经元的细胞体将忽略这个信号，不做任何反应。对于生物体而言，阈值的存在十分关键，因为它使神经元能够忽略微小的信号。如果神经元对所有信号都表现得非常兴奋，整个神经系统就会处于高度兴奋状态，而这在个体层面上可能导致情绪不稳定和过度敏感。将人体神经元的这种性质引入"人工神经元"中，就形成了新的感知器模型，如图 7-4 所示。

图 7-4 中的感知器有 n 个输入 $(x_1, x_2, \cdots, x_i, \cdots, x_n)$，通常可以有更多或更少的输入。引入权重 w 表示相应输入 x 对输出 y 的重要性。神经元的输出 y 由分配权重后的总和小于等于或者大于阈值的情况决定。和权重一样，阈值（threshold）是一个实数 θ（一个神经元的参数）。更精确的代数形式表示如下。

$$y = \begin{cases} 0 & \sum_i w_i x_i \leqslant \theta \\ 1 & \sum_i w_i x_i > \theta \end{cases} \tag{7-1}$$

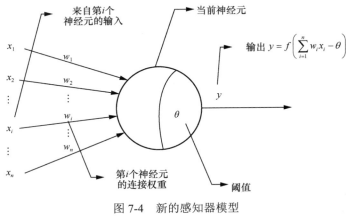

图 7-4　新的感知器模型

7.3　人工神经网络

人类的大脑内部拥有庞大的神经网络，神经元之间的相互作用构建了我们对世界的认知。例如，我们能够通过大脑神经元的相互作用，在看到一张照片时辨别出照片中的物体是狗还是猫，或者在阅读文字时理解文字表达的含义。思考的基础是神经元，而大脑本身就是一个由神经元构成的庞大网络。如果能够模拟大脑中的神经元，创造出人工神经元，是否就能够组成人工神经网络模拟大脑进行思考，从而实现某种形式的"智能"呢？图 7-5 展示了一个典型的神经网络模型，其最显著的特点在于模仿了人类大脑处理信息的方式。该模型具备以下两大特征。

（1）神经元计算：每个神经元（即连接的节点）通过特定的输入函数（激励函数）计算来自其他相邻神经元的加权输入值。

（2）信息传递：神经元之间的信息传递强度由加权值来定义，算法会不断自我学习并更新这些加权值。

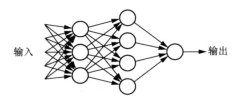

图 7-5　典型的神经网络模型

尽管人工神经网络的研究初衷是模拟人脑处理数据的方式，但随着研究的深入，人工神经网络的计算特性与传统生物神经元连接模型逐渐不同。然而，人工神经网络仍然保留了生物神经系统最基本的特性，包括非线性、分布式、并行计算、自适应和自组织等特征。

7.4　反向传播算法

1986 年，大卫·鲁梅尔哈特等人在《自然杂志》上发表的文章 "Learning Representations by Back-propagating Errors"，第一次简洁地阐述了反向传播（BP）算法在神经网络模型中的应用。1989 年，杨立昆使用反向传播算法发表了论文 "Backpropagation Applied to Handwritten Zip Code Recognition"，他通过美国邮政系统提供的近万个手写数字样本来训练神经网络。经过训练后，该系统被成功应用于独立的测试样本，其错误率仅为 5%。随后，他进一步运用卷积神经网络（CNN）开发出商业软件，将其用于读取银行支票上的手写数字，这个支票识别系统在 20 世纪 90 年代末占据了美国接近 20%的市场。

反向传播算法通常与最优化算法（如梯度下降法）结合来训练人工神经网络。该算法通过计算损失函数的梯度，将梯度信息反馈给最优化算法，更新神经网络的权值，从而最小化损失函数。反向传播算法是神经网络执行梯度下降法的主要算法之一，算法的步骤如下。

（1）初始化：对神经网络的权重和偏置进行初始化，可以是随机初始化或者采用其他策略。

（2）正向传播：将训练数据输入神经网络，通过每个神经元的权重和激活函数计算每一层的输出值。这一过程一直进行到输出层，得到神经网络的预测值。

（3）计算损失：将神经网络的预测值与实际标签比较，计算损失函数的值。损失函数是衡量模型预测与实际结果之间的差异的指标，我们的目标是最小化这个损失。

（4）反向传播：计算损失函数相对于网络输出的梯度。然后通过链式法则逐层向后传播这些梯度。

（5）权重更新：根据计算得到的梯度信息，使用最优化算法（如梯度下降法）来更新网络的权重和偏置。这一步是为了沿着损失函数下降的方向调整参数，以使损失逐渐减小，从而提高网络的性能。

重复以上步骤，通过多次迭代不断优化网络的参数，直到损失函数收敛到一个满意的水平或达到预定的迭代次数。反向传播算法的核心思想是通过迭代优化过程，不断调整神经网络的权值，使其能够更好地拟合训练数据，从而提高网络的泛化能力。

为了帮助读者更好地理解反向传播算法的概念，我们以一个猜数字的游戏来进行解释。如图 7-6 所示，假设真实数字是 2，男孩 A 的任务是根据输入的数字进行猜测。当男孩 A 猜测数字为 1 时，男孩 B 会指导他说输出的数字比真实数字小；当男孩 A 猜测数字为 3 时，男孩 B 又指导他说输出的数字比真实数字大。这个过程一直持续下去，直到男孩 A 猜出真实数字为止。在人工神经网络中，我们将男孩 A 比作输出层节点，他的左侧接收输入信号，右侧产生输出结果。男孩 B 则代表误差，他的任务是指导参数往更优的方向调整。由于男孩 B 能够直接将误差反馈给男孩 A，因此男孩 A 可以通过误差进行参数优化。通过不断迭代，网络逐渐调整自身的参数，使误差降低到最小，从而提高猜测的准确性。

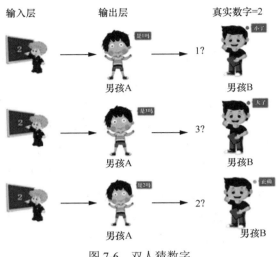

图 7-6　双人猜数字

假设我们将猜数字游戏的难度提升，引入了一个新的角色——小女孩，如图 7-7 所示。这种结构类似于带有一个隐藏层的三层神经网络：小女孩代表隐藏层节点，男孩 A 仍然代表输出层节点，输入层接收输入信号，通过隐藏层节点产生输出结果，而男孩 B 则代表误差，指导参数往更优的方向调整。在这个设定中，男孩 B 可以直接将误差反馈给男孩 A，使与男孩 A 直接相连的左侧参数矩阵可以通过误差进行参数优化。然而，与小女孩直接相连的左侧参数矩阵由于无法直接得到男孩 B 的反馈而不能直接进行优化。这时，反向传播算法发挥了作用，它使男孩 B 的反馈可以被传递给小女孩，产生一种间接误差。这种间接误差通过一系列计算，最终使与小女孩直接相连的左侧权重矩阵得以通过间接误差进行更新。通过不断迭代，神经网络逐渐调整自身的参数，使误差降低到最小，从而提高了猜测的准确性。

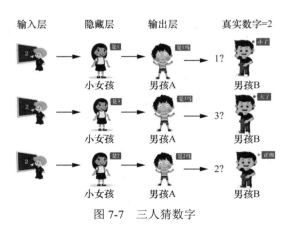

图 7-7　三人猜数字

下面具体介绍反向传播算法的过程，以一个包含输入层、隐藏层和输出层的 3 层神经网络为例，如图 7-8 所示。其中 a、b 是输入层节点，c、d 是隐藏层节点，e、f 是输出层节点，a_j^i 表示第 i 层上的第 j 个神经元的输出，z_j^i 表示第 i 层的第 j 个神经元的输入，$w_{jk}{}^i$ 表示第 i 层的第 j 个神经元与上一层第 k 个神经元输出对应的权重，b_j^i 表示第 i 层的第 j 个神经元的偏置。

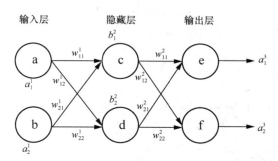

图 7-8　3 层神经网络

首先，随机初始化网络的权重 $w_{jk}{}^i$ 和偏置 $b_j{}^i$，然后使用训练数据进行正向传播。对于每 i 层的第 j 个神经元，需要计算激活前的加权输入 $z_j{}^i$ 和激活后的输出 $a_j{}^i$。以节点 c 为例，从左往右正向看，输入层中的节点 a 和节点 b 都指向节点 c，因此节点 a 和节点 b 的信息将被传递给节点 c，同时每个箭头有相应的权重，因此对于节点 c 而言，它的输入信号为

$$z_1^2 = a_1^1 \cdot w_{11}^1 + a_2^1 \cdot w_{21}^1 + b_1^2 \tag{7-2}$$

同理，节点 d 的输入信号为

$$z_2^2 = a_1^1 \cdot w_{12}^1 + a_2^1 \cdot w_{22}^1 + b_2^2 \tag{7-3}$$

为了简化上述公式，可以用矩阵相乘来表示上述关系。其中，$\boldsymbol{W}$ 代表权重矩阵，$\boldsymbol{Z}$ 代表输入矩阵，$\boldsymbol{A}$ 代表输出矩阵，$\boldsymbol{B}$ 代表偏置矩阵。

$$\boldsymbol{Z}^2 = \boldsymbol{W}^1 \cdot \boldsymbol{A}^1 + \boldsymbol{B}^2 \tag{7-4}$$

其次，使用激活函数对隐藏层节点 c 进行非线性变换。激活函数的引入不仅加强了神经网络的表达能力，还打破了对称性，使网络更容易学习复杂的数据关系。常见的激活函数有 Sigmoid 函数、ReLU 函数、Softmax 函数等。这里使用 Sigmoid 函数进行激活，这一步骤的输出 $\boldsymbol{A}^2$ 将成为下一层的输入。其计算式为

$$\boldsymbol{A}^2 = \text{Sigmoid}(\boldsymbol{Z}^2) \tag{7-5}$$

同理，输出层的输入信号可表示为权重矩阵乘以上一层的输出，如式（7-6）所示，再经过激活函数 Sigmoid 进行激活，如式（7-7）所示。

$$\boldsymbol{Z}^3 = \boldsymbol{W}^2 \cdot \boldsymbol{A}^2 + \boldsymbol{B}^3 \tag{7-6}$$

$$\boldsymbol{A}^3 = \text{Sigmoid}(\boldsymbol{Z}^3) \tag{7-7}$$

在神经网络的训练过程中，正向传播是通过权重矩阵将输入信号传递到每一层，最终到达输出层的过程。权重矩阵在这一过程中起到了信号传输的关键作用。然而，在训练神经网络时，我们关心的不仅仅是网络对输入的准确响应，还包括对误差的敏感性。梯度下降优化算法需要通过反向传播将输出层的误差信息传递回隐藏层，以便调整权重矩阵，提高网络的性能。既然梯度下降需要每一层都有明确的误差才能更新参数，那么接下来的重点就是将输出层的误差反向传播给隐藏层，如图7-9所示。

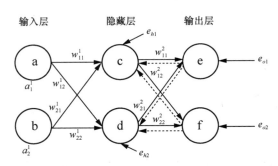

图 7-9　人工神经网络反向传播

从图 7-9 可以观察到，输出层误差 e_{oj} 已知，仍然以节点 c 为例进行误差分析。不同的是这次是从右到左反向看，可以看到指向节点 c 的两个箭头分别来自节点 e 和节点 f，因此节点 c 的误差肯定与输出层的节点 e 和节点 f 有关。观察输出层的节点 e，可以发现有箭头分别指向了隐藏层的节点 c 和节点 d。这意味着节点 e 的误差不能仅影响隐藏节点 c，而是需要按照"按劳分配"的原则进行误差分配，即按照连接权重的大小进行分配。同理，节点 f 的误差也需要按照相应的权重进行分配。因此，隐藏层节点 c 的误差可以表示为

$$e_{h1} = \frac{w_{11}^2}{w_{11}^2 + w_{21}^2} \cdot e_{o1} + \frac{w_{12}^2}{w_{12}^2 + w_{22}^2} \cdot e_{o2} \tag{7-8}$$

同理，隐藏层节点 d 的误差为

$$e_{h2} = \frac{w_{21}^2}{w_{11}^2 + w_{21}^2} \cdot e_{o1} + \frac{w_{22}^2}{w_{12}^2 + w_{22}^2} \cdot e_{o2} \tag{7-9}$$

对以上式子进行合并，可以写成

$$\begin{pmatrix} e_{h1} \\ e_{h2} \end{pmatrix} = \begin{pmatrix} w_{11}^2 & w_{12}^2 \\ w_{21}^2 & w_{22}^2 \end{pmatrix} \cdot \begin{pmatrix} e_{o1} \\ e_{o2} \end{pmatrix} \tag{7-10}$$

仔细观察，会发现这个权重矩阵其实是正向传播时权重矩阵 $\boldsymbol{W}$ 的转置。因此，可以简写为式（7-11）的形式，其中，$\boldsymbol{E}$ 为误差矩阵，$\boldsymbol{W}$ 为权量矩阵。

$$E_h = \boldsymbol{W}^{\mathrm{T}} \cdot E_o \tag{7-11}$$

在反向传播的过程中，输出层的误差通过转置权重矩阵的帮助被传递到隐藏层，从而实现了间接误差的传递。这一过程提供了更新与隐藏层相连的权重矩阵的机会。权重矩阵在反向传播中扮演着运输的角色，不同的是，这次它搬运的是输出误差而不是输入信号。下一步将利用求得的误差来更新参数，调整权重矩阵。这种参数更新的过程使神经网络逐渐调整自身的权重，提高对输入数据的拟合能力，从而不断优化模型的性能。下面以输出层节点 e 为例来介绍反向传播的过程，为此对人工神经网络的输出层进行简化，如图 7-10 所示。

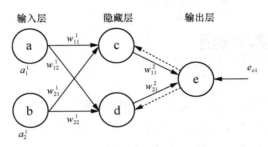

图 7-10　简化输出层的人工神经网络

首先使用损失函数计算输出层误差。损失函数是用于衡量模型预测与实际标签之间的差异的函数，它是机器学习中的一个关键组成部分，帮助优化算法调整模型参数，以便更好地拟合数据。常见的损失函数有均方误差（MSE）、平均绝对误差（MAE）、交叉熵损失等，不同的任务和模型可能会选择不同的损失函数。这里以均方误差为例计算损失，如式（7-12）所示。其中 a_1^3 为输出层节点 e 的输出，y_1 为真实值，e_{o1} 为求得的均方误差值。

$$e_{o1} = \frac{1}{2}\left(a_1^3 - y_1\right)^2 \tag{7-12}$$

然后计算梯度，利用转置权重矩阵将输出层的误差传播回隐藏层，根据所求的误差对隐藏层到输出层之间的参数 w_{11}^2、w_{21}^2 求偏导，可以计算出梯度。其计算式为

$$\frac{\partial e_{o1}}{\partial w_{11}^2} = \frac{\partial e_{o1}}{\partial a_1^3} \cdot \frac{\partial a_1^3}{\partial z_1^3} \cdot \frac{\partial z_1^3}{\partial w_{11}^2} \tag{7-13}$$

$$\frac{\partial e_{o1}}{\partial w_{21}^2} = \frac{\partial e_{o1}}{\partial a_1^3} \cdot \frac{\partial a_1^3}{\partial z_1^3} \cdot \frac{\partial z_1^3}{\partial w_{21}^2} \tag{7-14}$$

最后通过梯度来更新参数，使用梯度下降或其他优化算法，根据计算得到的梯度来更新连接权重和偏置的数值。这一步通过将梯度乘以学习率来调整参数，学习率是梯度下降等优化算法中的一个重要超参数，它控制了每次参数更新的步长。在实践中，选择合适的学习率通常是一个经验性的过程。读者可以尝试不同的学习率，并观察算法在训练集上的表现。更新参数的计算方法如式（7-15）所示。其中 w_{11}^2 为隐藏层到输出层之间的权重参数，η 为学习率。

$$w_{11}^2 = w_{11}^2 - \eta \frac{\partial e_{o1}}{\partial w_{11}^2} \qquad (7\text{-}15)$$

这个过程对每层的每个权重参数都要重复进行，确保通过反向传播计算得到的梯度被用于更新神经网络的参数，从而最小化损失函数。总体而言，反向传播是神经网络训练过程中的核心步骤之一。通过不断迭代优化参数，模型逐渐学习到输入数据的模式，并在未见过的数据上取得良好的泛化能力。在整个训练过程中，对模型的性能进行评估和调整是非常重要的，以确保最终的模型能够在实际应用中取得良好的效果。

7.5　常用的深度学习模型

感知器是人工神经网络的基本结构，人工神经网络是深度学习模型的基础，正向传播和反向传播构成了深度学习模型训练的主要方法。针对不同的应用问题，学者们提出了各种神经网络模型。例如，针对图像、语音数据处理任务的 CNN；针对自然语言处理、机器翻译等任务的 RNN；针对生成类任务所提出的 GAN 等。下面具体介绍这 3 种常用的深度学习模型 CNN、RNN 和 GAN。

7.5.1　CNN

CNN 受到人类视觉神经系统的启发，最擅长处理图像。人类视觉神经系统的工作原理：首先视网膜接收像素；接着大脑皮层的特定细胞负责识别边缘；然后大脑将这些边缘组合在一起；最后大脑通过进一步的抽象过程来判定对象模型。其过程如图 7-11 所示。

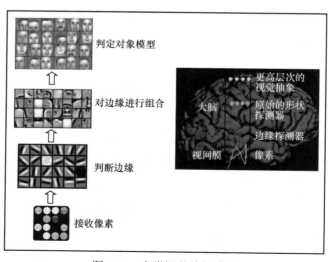

图 7-11　人类视觉神经系统

在认知不同物体时，人类视觉神经系统采用逐层分级的方式。最底层特征涵盖各种边缘，而随着层级的提升，视觉神经系统逐渐提取出更高级的物体特征。当信息传递至最顶层时，不同的高级特征被巧妙地组合成相应的图像，使人类能够精准地区分各种物体。CNN从人类大脑中汲取灵感，通过构建多层神经网络来模拟这一认知特点。底层神经网络负责识别初级图像特征，多个底层特征汇聚形成更高层次的抽象特征。最终，网络的顶层通过组合这些特征来实现对物体的分类识别，如图 7-12 所示。

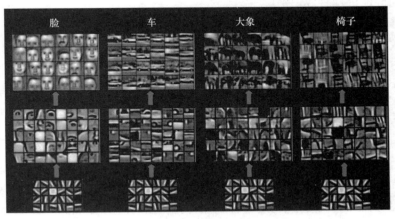

图 7-12　逐层分级

在 CNN 出现之前，人工智能在处理图像问题时面临以下两个主要挑战。

（1）图像包含的数据量庞大，导致成本高，效率低下。图像由像素构成，每个像素又由颜色参数构成，如图 7-13 所示。每个像素由 RGB 的 3 个参数表示颜色信息。以处理一张 1000px×1000px 的图片为例，需要处理 1000×1000×3=3,000,000 个参数。CNN 解决这一问题的关键在于"将复杂问题简化"，将大量参数降维为少量参数进行处理。在大多数情况下，降维并不会对结果产生影响。

图 7-13　图像的构成

（2）图像在数字化过程中很难保留原有的特征，从而降低了图像处理的准确率。传统的图像数字化过程如图 7-14 所示。以一个圆形情况对应 1、无圆形情况对应 0 为例，不同位置的圆形会生成完全不同的数据表达。然而，从视觉的角度来看，图像的本质内容并没有发生变化，只是位置发生了改变。因此，当我们移动图像中的物体时，用传统方式计算的参数与移动前的参数之间可能存在较大差异，这不符合图像处理的要求。CNN 通过类似于人类视觉的方式解决了这个问题，有效地保留了图像的特征。在图像发生翻转、旋转或位置变换时，CNN 能够更稳健地进行有效识别。

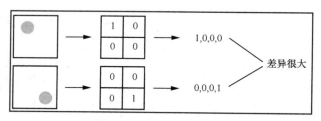

图 7-14　图像数字化过程

CNN 的结构主要包含 5 层：输入层，用于输入数据；卷积层，使用卷积核进行特征提取和特征映射；激励层，由于卷积也是一种线性运算，因此需要增加非线性映射；池化层，进行下采样，对特征图进行稀疏处理以减少运算量；全连接层，通常在 CNN 的尾部进行重新拟合，减少特征信息的损失。

1. 输入层

CNN 的输入层可以处理多维数据。常见的一维 CNN 的输入层接收一维或二维数组，其中一维数组通常为时间或频谱采样；二维数组可能包含多个通道。二维 CNN 的输入层接收二维或三维数组。三维 CNN 的输入层接收四维数组。

与其他神经网络类似，由于使用梯度下降算法进行学习，需要对 CNN 的输入特征进行标准化处理。具体而言，在将学习数据输入 CNN 之前，需要对输入数据进行归一化，如果输入数据是像素，则可以将原始像素值归一化至特定区间。标准化输入特征，有助于提高 CNN 的学习效率。

2. 卷积层

卷积层是 CNN 的核心，其主要运行过程是滑动窗口扫描图像，这个过程与滤波器的滤波操作相似。卷积的目的是提取图像特征，利用若干卷积核通过局部连接和权值共享训练提取图像特征。具体应用往往有多个卷积核，可以认为，每个卷积核代表一种图像模式。如果某个图像块比此卷积核计算的值大，则认为此图像块十分接近此卷积核。假设设计了 6 个卷积核，可以理解为，这个图像上有 6 种底层纹理模式，也就是用 6 种基础模式就能描绘出一幅图像。

卷积过程如图 7-15 所示，输入一张 5px×5px 的灰度图像，卷积核的尺寸为 3px×3px，步长为 2。卷积核在灰度图像矩阵上滑动和计算，将卷积核中每个参数和图像矩阵中每个像素点的像素值相乘然后加上偏置参数，最后得到特征图。

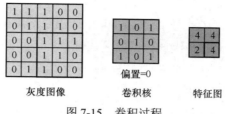

图 7-15　卷积过程

3. 激励层

激励层负责把卷积层的输出结果进行非线性映射。CNN 采用的激励函数一般为修正线性单元（ReLU），其函数为 $f(x)=\max(x,0)$。它的特点是收敛快，求梯度简单。

4. 池化层

池化层也是 CNN 中很重要的一层，通常与卷积层成对出现，其目的和作用是对卷积层输出的特征图进行深度不变的降维。因为即使完成了卷积，图像尺寸仍然很大（因为卷积核比较小），所以为了降低数据维度，就只能进行采样。池化层提取主要特征的同时对数据量进行了缩减，降低 CNN 计算的复杂度，计算式为

$$a_n^l = f\left(r_n^l \times \frac{1}{s^2} \sum_{s \times s} a_n^{l-1} + b_n^l \right) \tag{7-16}$$

其中，s 是所选池化模板，r_n^l 是模板的权值。按照 r_n^l 的不同运算方式，可以把池化分成平均池化、最大池化与随机池化等。此处采用的是最大池化。

池化过程如图 7-16 所示。这里选用 2px×2px 的池化滤波器模板，通过区域不重复的最大池化操作，也就是将模板内的图像特征矩阵中的像素值按照大小排序，选择数值最大的像素值作为最后的结果，最终把一张尺寸为 4px×4px 的特征图矩阵转化为了 2px×2px 的矩阵，像素点个数由 16 个变为 4 个。池化后，维数得到了降低，且出现过拟合的可能性被大大降低，有利于减少计算量和增强 CNN 的稳健性。

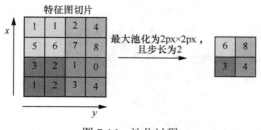

图 7-16　池化过程

5. 全连接层

全连接层是 CNN 的最后一层，经过卷积层和池化层处理的数据被输入到全连接层，得到最终想要的结果。数据由卷积层和池化层降维后，全连接层才能跑得动，否则数据量大，计算成本高，效率低。全连接层的每个节点都和上一层的节点进行了连接，并且全连接层把上一层输出的特征全部综合起来，因此该层的权值参数最多。即全连接层将每个节点连接起来进行内积运算，一般分为两层。第一层连接前一层的输出，接着与第二层进行逻辑处理，最后将输出值传给分类器进行分类。

图 7-17 所示连线最密集的两个地方就是全连接层。很明显，全连接层的参数很多。全连接过程的具体原理是将每个节点和上一层的特征进行线性的加权求和，上一层输出的每个节点与权重系数相乘，再加上偏置值。如果全连接第一层的输入为 60×2×2 个神经元，输出为1000 个节点，那么共需 600×2×2×1000=2 400 000 个权值参数和 1000 个偏置。

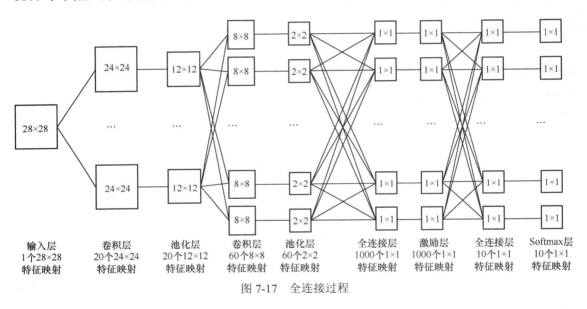

图 7-17　全连接过程

7.5.2　RNN

RNN 是一类用于处理序列数据的神经网络，它是根据"人的认知是基于过往的经验和记忆"这一观点提出的。CNN 的前一个输入和后一个输入是没有关系的，但是当我们处理序列信息时，某些前面的输入和后面的输入是有关系的。例如，我们在理解一句话的意思时，孤立地理解这句话中的每个词是不够的，需要理解这些词连接起来的整个序列，这时就需要使用 RNN。

在传统的神经网络中，假设所有输入（和输出）之间相互独立，但是对于许多任务来说，这是一个不利条件。如果想预测句子中的下一个单词，就需要知道这个单词什么时候出现过。

RNN 对序列的每个元素执行相同的任务，其输出受先前计算的影响。

CNN 和大部分普通算法一样，都是输入、输出一一对应，也就是一个输入得到一个输出，不同的输入之间是没有联系的。但是在某些场景中，一个输入就不够了，很多元素都是相互连接的，例如股票随时间变化；再如一个人说："我喜欢旅游，其中最喜欢的地方是成都，以后有机会一定要去____。"这里是填空，人们都知道填写"成都"，因为我们可以根据上下文的内容推断出来，但机器要做到这一步就相当困难。因此，就有了 RNN，其本质是像人一样拥有记忆能力，所以它的输出就依赖于当前的输入和记忆。换一种说法，即 RNN 具有"内存"，可以捕获到目前为止已计算出的内容信息。与 CNN 不同的是，它不仅考虑前一时刻的输入，而且赋予了网络对前面内容的一种"记忆"功能。具体的表现形式为网络会对前面的信息产生记忆，并将其应用于当前输出的计算中，即隐藏层之间的节点不再是无连接的而是有连接的，并且隐藏层的输入不仅包括输入层的输出还包括上一时刻隐藏层的输出。这就是 RNN 的基本原理。

从基础的神经网络可以知道，神经网络包含输入层、隐藏层、输出层，使用激活函数控制输出，层与层之间通过权值连接。激活函数是事先确定好的，那么神经网络模型通过训练学到的东西就蕴含在"权值"中。传统神经网络的结构比较简单：输入层-隐藏层-输出层，如图 7-18 所示。

基础的神经网络只在层与层之间建立了权连接，RNN 与传统神经网络最大的区别在于，每次都会将前一次的输出结果带到下一次的隐藏层中一起训练，如图 7-19 所示。

图 7-18 传统神经网络的结构　　　　图 7-19 RNN 的基本结构

在图 7-19 中，x 是输入层的值，s 表示隐藏层的值，U 是输入层到隐藏层的权重矩阵，o 是输出层的值，V 是隐藏层到输出层的权重矩阵。RNN 的隐藏层的值 s 不仅取决于当前的输入 x，还取决于上一次隐藏层的值 s。权重矩阵 W 就是将隐藏层上一次的值作为这一次的输入权重。RNN 可以被认为是同一个网络的多个副本，每个网络都传递一个消息给后继者，如果展开循环就会发现，这种链状的特性揭示了 RNN 与序列、列表密切相关，如图 7-20 所示。其中每个圆圈可以被看作一个单元，而且每个单元做的事情一样。

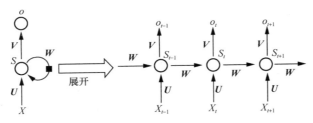

图 7-20　RNN 层级展开

在图 7-20 中，$t-1$，t，$t+1$ 表示时间序列，X_t 表示 t 时刻输入的样本，S_t 表示样本在时间 t 处的记忆，也就是网络的"内存"，它是根据先前的隐藏状态和当前步骤的输入来计算的，计算式为

$$S_t = f(U_{X_t} + W_{s_{t-1}}) \qquad (7\text{-}17)$$

其中，f 是 tanh 或 ReLU 的非线性函数。W 表示输入的权重矩阵，U 表示此刻输入样本的权重矩阵。

RNN 的优点之一是 RNN 会像人一样对先前发生的事件产生记忆，利用 RNN 内部的记忆来处理任意时序的输入序列，这让 RNN 可以更容易应对文本摘要、语音识别、机器翻译、阅读理解等应用场景。假设现在有这样一个 RNN，想要预测下面这个句子的最后一个单词："I grew up in China, I speak fluent_____"。根据前面的信息"I speak fluent"可以知道下一个单词应该是一种语言，要确定是哪种语言就必须从更前面的语句"I grew up in China"中得到更多的信息。但是很有可能发生的情况是，相关信息与需要信息之间的距离非常大。当距离不断增加时，RNN 就会无法识别相关信息，从而导致预测的结果出现错误。

通过 RNN 的学习过程，我们来分析一下为什么会出现这种情况。假设上面给的例子是一段话，所填单词和相关单词之间有很多无关的句子，RNN 在学习上面那段话时，"China"这个相关信息的记忆要经过长途跋涉才能抵达最后一个时间点，然后会得到一个误差结果，而且在反向传递得到误差时，每一步都会乘以一个神经元的权值 W。如果这个 W 是一个小于 1 的数，当误差被传到初始时间点时，结果将会是一个接近零的值，所以初始时刻这个误差相当于消失了，我们把这个问题就叫作梯度消失。反之如果 W 是一个大于 1 的数，经过不断累乘，最终误差的结果也会变成一个无穷大的值，这种情况叫作梯度爆炸。这是普通 RNN 没有办法拥有久远记忆的原因。为了解决这个问题，长短期记忆（LSTM）网络和门控循环单元（GRU）就此诞生。它们具有被称为闸门的内部机制，通过学习的门来调节信息的流动，从而更好地解决在时间序列中相关信息距离较大的问题。

1．LSTM 网络

LSTM 是 RNN 的一种特殊形式，它的特点是能够学习长距离依赖关系。LSTM 网络由霍克利特和施米德胡贝于 1997 年首先提出，之后被很多学者改善和推广。它在很多问题上都表现良好，现在被广泛使用。

LSTM 网络具有与 RNN 类似的控制流，它们的区别在于 LSTM 网络引入了 3 个"控制器"门，即遗忘门、输入门和输出门。门包含一个 Sigmoid 神经网络层和一个按位的乘法操作。门的结构如图 7-21 所示。这些门可以使 LSTM 网络有针对性地保留相关信息或者遗忘不相关的数据。

图 7-21 门的结构

相对于 RNN 来说，LSTM 网络多了一个控制全局的记忆。为了方便理解，可以把 LSTM 想象成电影中的主线剧情，而原本的 RNN 体系就是分线剧情。在输入方面，如果此时的分线剧情对剧终十分重要，那么输入门就会将这个分线剧情按重要程度写入主线剧情进行分析。在遗忘方面，如果此时的分线剧情更改了之前剧情的想法，那么遗忘门就会将之前的某些主线剧情忘记，然后按比例替换成现在的新剧情，所以主线剧情的更新取决于输入门和遗忘门。在输出方面，输出门会基于目前的主线剧情和分线剧情判断要输出的到底是什么。下面具体介绍各个门的作用。

（1）遗忘门。遗忘门决定了单元结构中应丢弃或保留哪些信息，通过将记忆单元的值乘以 0 和 1 之间的某个数值来实现。确切值由当前输入值和前一个时间步的 LSTM 网络单元输出确定，然后通过 Sigmoid 函数进行传递，经过 Sigmoid 函数计算后的值始终为 0～1。如果输出的值接近 0，则忘记；如果输出的值接近 1，则保留。

（2）输入门。为了更新单元状态，需要输入门。首先，将前一个隐藏状态和当前输入传递到 Sigmoid 函数中，得到一个介于 0～1 的数值。这个值表示输入的重要性，其中接近 0 表示不重要，而接近 1 表示重要。然后，将前一个隐藏状态和当前输入传递到 tanh 激活函数中，将值压缩到 -1～1，以进行网络调节。最后，将 tanh 函数的输出与 Sigmoid 函数的输出相乘，得到新的状态值。

（3）输出门。控制下一个隐藏状态应该包含哪些信息，通常用于预测。首先，将先前的隐藏状态和当前输入传递到 Sigmoid 函数中。然后，将新修改的单元状态传递给 tanh 函数，再将 tanh 函数的输出与 Sigmoid 函数的输出相乘，以确定隐藏状态应携带哪些信息。最后，将新的单元状态和新的隐藏状态转移到下一个时间步。

LSTM 网络在应对需要处理"长期记忆"的任务时表现出色，然而，其引入的复杂性导致训练参数的数量显著增加，从而增加了训练难度。因此，在构建大型训练模型时，通常会选择使用参数较少但效果相当的 GRU 网络，以在保持性能的同时减少训练的复杂性。下面就来介绍另一种门控循环神经网络 GRU。

2. GRU

GRU 是新一代的 RNN，于 2014 年被提出，与 LSTM 网络非常相似，也是为了解决长期记忆和反向传播中的梯度等问题而提出的。GRU 能够达到和 LSTM 网络一样的效果，并且相比之下，GRU 更容易训练，能够在很大程度上提高训练效率，因此很多时候人们会更倾向于使用 GRU。GRU 的结构如图 7-22 所示。

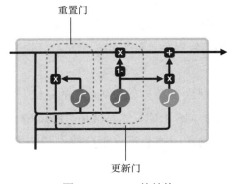

图 7-22　GRU 的结构

GRU 在设计中减少了对单元状态的依赖，使其更适合捕捉和处理序列中的长期依赖。它通过引入重置门和更新门来有效处理长期依赖关系，下面具体介绍这两个门的作用。

（1）重置门。重置门决定了如何将新的输入信息与前面的记忆结合。当重置门的值接近 1 时，表示网络应该丢弃之前的记忆，并主要依赖于新的输入信息；当重置门的值接近 0 时，表示网络应该保留之前的记忆，减少对新输入的依赖。

（2）更新门。更新门决定了前一时间步的记忆应该保留多少，以便传递到当前时间步。当更新门接近 1 时，前一时间步的记忆将更多地被保留。当更新门接近 0 时，模型更倾向于忘记先前的记忆，更多地依赖于当前时间步的输入，以适应序列中的变化。

通过调整这两个门的值，GRU 可以选择性地保存和遗忘信息，使其具有长期记忆的能力。这些特性使 GRU 能够更好地应对长期序列依赖关系，而不会随时间的推移清除以前的信息，从而避免了梯度消失问题。可以发现，当重置门的值为 1，更新门的值为 0 时，GRU 模型退化为标准 RNN 模型。

7.5.3　GAN

GAN 是由伊恩·古德费洛等人在 2014 年提出的一种无监督学习算法，它通过两个神经网络相互博弈来学习。

GAN 的主要结构包括一个生成器 G 和一个判别器 D。生成器以潜在空间的随机样本为输入，其输出应尽可能地模仿训练集中的真实样本。判别器的输入是真实样本或生成器的输出，其目的是尽可能将生成器的输出与真实样本区分开。生成器是为了尽可能将输出的内容通过判别器识别，这两个结构相互竞争，交替训练，同步提升能力，直到生成器生成的数据能够以假乱真，并与判别器的能力达到均衡。GAN 的结构如图 7-23 所示。

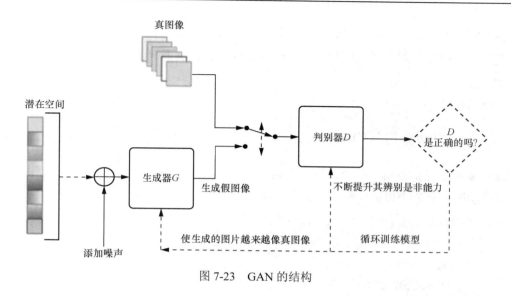

图 7-23　GAN 的结构

GAN 模型与所有的生成模型都一样，只做一件事情：拟合训练数据的分布。对图片生成任务来说就是拟合训练集图片的像素概率分布。GAN 的训练过程如图 7-24 所示，z 部分展示的是生成器映射前的简单概率分布（一般是高斯分布）的范围和密度，x 部分展示的是生成器映射后学到的训练集的概率分布的范围和密度。其中每部分所代表的含义如下。

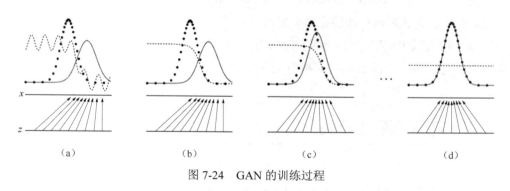

图 7-24　GAN 的训练过程

（1）图 7-24（a）：判别器与生成器均未训练，呈随机分布。

（2）图 7-24（b）：判别器经过训练，输出的分布在靠近训练集"真"数据分布的区间趋近于 1（真），在靠近生成器生成的"假"数据分布的区间趋近于 0（假）。

（3）图 7-24（c）：生成器根据判别器输出的（真假）分布，更新参数，使自己的输出分布趋近于训练集"真"数据的分布。

经过图 7-24（b）、图 7-24（c）表示的步骤的循环交替，判别器的输出分布随着生成器输出的分布与训练集分布的接近而更加平缓；生成器输出的分布则在判别器输出分布的指引下逐渐趋近于训练集"真"数据的分布。

（4）图 7-24（d）：训练完成时，生成器输出的分布完美拟合了训练集数据的分布；由于生成器的完美拟合，判别器无法判别生成器输出的真伪，从而判别器的输出呈一条取值约为 0.5（真假之间）的直线。

GAN 的目标函数为

$$\min_G \max_D V(D,G) = \mathbb{E}_{x \sim pdata(x)}\big[\log D(x)\big] + \mathbb{E}_{z \sim pz(z)}\Big[\log\big(1 - D\big(G(z)\big)\big)\Big] \tag{7-18}$$

从目标函数可以看出，整个代价函数是最小化生成器、最大化鉴别器。那么在处理这个最优化问题时，我们可以固定住 G，先最大化 D，再最小化 G 得到最优解。其中，在固定 G 时，最大化 $V(D,G)$ 评估了 P_G 和 $Pdata$ 之间的差异或距离。

$$D_G^* = \mathrm{argmax}_D V(G,D) \tag{7-19}$$

最优化 G 的问题就可以表示为

$$G^* = \mathrm{argmin}_G V(G, D_G^*) \tag{7-20}$$

GAN 以其卓越的数据建模能力、模型结构灵活性和对抗学习的优越性脱颖而出。其强大之处在于对生成器和判别器进行对抗训练，能够生成逼真的样本，被广泛应用于图像生成、风格转换等领域。然而，GAN 的训练过程也面临一系列挑战，其中最为突出的是训练的困难性和不稳定性。生成器和判别器的协同训练需要细致平衡，否则容易导致模型出现收敛问题，即判别器过于强大或生成器发散，妨碍模型的进一步学习。尽管如此，GAN 作为生成模型仍具有巨大的潜力，未来的改进和研究将有望克服这些挑战。

7.6 项目实践：图片分类

本节将以项目实践的方式，使用 CNN 对图像进行分类。实践将按照以下 8 个步骤进行。

（1）设置 GPU，如果使用的是 CPU 可以忽略此步骤。

```
import tensorflow as tf
gpus = tf.config.list_physical_devices("GPU")
ifgpus:
    gpu0 = gpus[0] #如果有多个 GPU，仅使用第 0 个 GPU
    tf.config.experimental.set_memory_growth(gpu0, True) #设置 GPU 显存用量为按需使用
    tf.config.set_visible_devices([gpu0],"GPU")
```

（2）导入数据。

```
import tensorflow as tf
from tensorflow.keras import datasets, layers, models
```

```
import matplotlib.pyplot as plt
(train_images, train_labels), (test_images, test_labels) = datasets.cifar10.load_data()
```

（3）归一化，将像素的值标准化至[0,1]区间内。

```
train_images, test_images = train_images / 255.0, test_images / 255.0
train_images.shape,test_images.shape,train_labels.shape,test_labels.shape
```

（4）可视化，展示导入的部分图片数据，如图 7-25 所示。

```
class_names = ['飞机', '汽车', '鸟', '猫', '鹿','狗', '青蛙', '马', '船', '卡车']
plt.figure(figsize=(20,10))
for i inrange(20):
    plt.subplot(5,10,i+1)
    plt.xticks([])
    plt.yticks([])
    plt.grid(False)
    plt.imshow(train_images[i], cmap=plt.cm.binary)
    plt.xlabel(class_names[train_labels[i][0]])
plt.show()
```

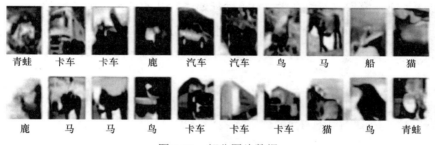

图 7-25　部分图片数据

（5）构建 CNN 结构。构建的 CNN 将使用 3 个卷积层，2 个池化层，1 个压平层，1 个全连接层和 1 个输出层。CNN 的结构如图 7-26 所示。

```
model = models.Sequential([
    layers.Conv2D(32, (3, 3), activation='relu', input_shape=(32, 32, 3)), #卷积层 1,
卷积核 3×3
    layers.MaxPooling2D((2, 2)),                    # 池化层 1, 2×2 采样
    layers.Conv2D(64, (3, 3), activation='relu'),   # 卷积层 2, 卷积核 3×3
    layers.MaxPooling2D((2, 2)),                    # 池化层 2, 2×2 采样
    layers.Conv2D(64, (3, 3), activation='relu'),   # 卷积层 3, 卷积核 3×3
    layers.Flatten(),                               # 压平层, 连接卷积层与全连接层
    layers.Dense(64, activation='relu'),            # 全连接层, 进一步提取特征
    layers.Dense(10)                                # 输出层, 输出预期结果
])
model.summary()  # 打印网络结构
```

Model:" sequential"

Layer (type)	Output Shape	Param #
conv2d (Conv2D)	(None, 30, 30, 32)	896
max_ pooling2d (MaxPooling2D)	(None, 15, 15, 32)	0
conv2d_ 1 (Conv2D)	(None, 13, 13, 64)	18496
max_ pooling2d_ 1 (MaxPooling2	(None, 6, 6, 64)	0
conv2d_ 2 (Conv2D)	(None, 4, 4, 64)	36928
flatten (Flatten)	(None, 1024)	0
dense (Dense)	(None, 64)	65600
dense_ _1 (Dense)	(None, 10)	650

总参数：122, 570
可训练参数：122, 570
不可训练参数：0

图 7-26　CNN 的结构

（6）编译与训练模型，对搭建的 CNN 进行编译后开始训练，训练次数为 10，损失值由 1.4722 降到 0.5542，准确率也由 0.4650 提升到了 0.8030。训练结果如图 7-27 所示。

```
model.compile(optimizer='adam',
              loss=tf.keras.losses.SparseCategoricalCrossentropy(from_logits=True),
              metrics=['accuracy'])
history = model.fit(train_images, train_labels, epochs=10,
                    validation_data=(test_images, test_labels))
```

```
Epoch 1/10
1563/1563 [==============================] –32s 20ms/step - loss: 1.4722 - accuracy: 0.4650 - val_loss: 1.2437 - val_accuracy: 0.5497
Epoch 2/10
1563/1563 [==============================] –32s 20ms/step - loss: 1.1138 - accuracy: 0.6059 - val_loss: 1.0454 - val_accuracy: 0.6304
Epoch 3/10
1563/1563 [==============================] –32s 20ms/step - loss: 0.9626 - accuracy: 0.6612 - val_loss: 0.9350 - val_accuracy: 0.6712
Epoch 4/10
1563/1563 [==============================] –33s 21ms/step - loss: 0.8666 - accuracy: 0.6978 - val_loss: 0.9481 - val_accuracy: 0.6691
Epoch 5/10
1563/1563 [==============================] –33s 21ms/step - loss: 0.7931 - accuracy: 0.7228 - val_loss: 0.8878 - val_accuracy: 0.6898
Epoch 6/10
1563/1563 [==============================] –31s 20ms/step - loss: 0.7280 - accuracy: 0.7434 - val_loss: 0. 8346 - val_accuracy: 0.7100
Epoch 7/10
1563/1563 [==============================] –31s 20ms/step - loss: 0.6813 - accuracy: 0.7617 - val_loss: 0.8474 - val_accuracy: 0.7097
Epoch 8/10
1563/1563 [==============================] –31s 20ms/step - loss: 0.6369 - accuracy: 0.7749 - val_loss: 0.8379 - val_accuracy: 0.7160
Epoch 9/10
1563/1563 [==============================] –30s 19ms/step - loss: 0.5986 - accuracy: 0.7902 - val_loss: 0.8597 - val_accuracy: 0.7219
Epoch 10/10
1563/1563 [==============================] –33s 21ms/step - loss: 0.5542 - accuracy: 0.8030 - val_loss: 0. 8601 - val_accuracy: 0.7148
```

图 7-27　训练结果

（7）预测。通过模型进行预测得到的是每一个类别的概率，数字越大表示该图片为该类别的可能性越大。图 7-28 所示为模型对图片预测的结果，图片展示的是一艘轮船，模型预测的结果也是轮船。

```
import numpy as np
plt.imshow(test_images[1])
pre = model.predict(test_images)
print(class_names[np.argmax(pre[1])])
```

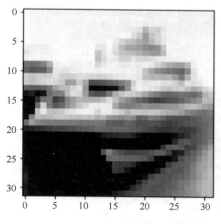

图 7-28　模型对图片预测的结果

（8）模型评估。为了检验训练好的模型性能，需要对模型进行评估。本案例中以准确率作为模型的评估指标，随着训练次数的提升，模型的准确率也在不断提升。在测试集中，模型经过 10 轮的训练，其准确率不断提升。模型评估如图 7-29 所示。

```
import matplotlib.pyplot as plt
plt.plot(history.history['accuracy'], label='accuracy')
plt.plot(history.history['val_accuracy'], label = 'val_accuracy')
plt.xlabel('Epoch')
plt.ylabel('Accuracy')
plt.ylim([0.5, 1])
plt.legend(loc='lowerright')
plt.show()
```

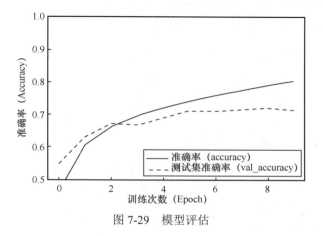

图 7-29　模型评估

习　题

1. 什么是深度学习？
2. 什么是感知机？
3. 什么是人工神经网络？
4. BP 算法的步骤有哪些？
5. 计算输出节点 f 的反向传播过程。
6. CNN 由哪几层构成？
7. RNN 有什么作用？
8. 描述 GAN 的训练过程。
9. 完成图片分类练习。

第8章　强化学习概述

强化学习是机器学习的一种算法，其核心概念在于智能体与环境的互动，这类似于生物体在周围环境中学习的过程。在这种学习方式下，智能体能够通过不断尝试来获取知识，并在与环境的交互中逐渐改进其决策策略。强化学习的魅力正是源自这种自主学习的方式，使智能体能够适应多变的环境和任务。本章将为读者介绍强化学习的基础知识，包括强化学习简介和马尔科夫决策过程，以及基于免模型的强化学习算法和一些前沿算法。通过实际案例，读者将更深入地了解强化学习的应用和实践。

8.1　强化学习简介

强化学习（RL）作为机器学习的一个子领域，其灵感源自心理学中的行为主义理论。行为主义理论关注的是个体如何通过对环境中奖励或惩罚的刺激做出反应，逐渐形成对这些刺激的预期，并且产生一种能够获得最大利益的习惯性行为。它强调如何基于环境而行动，以取得最大化的预期利益。

有一个故事可以让我们更深入地理解强化学习的概念：有 5 只猴子被同时关在同一个笼子里，笼子中有一把梯子，梯子上有一串香蕉。每当猴子尝试去拿香蕉时，就会触发一个机关，而后所有的猴子都会被泼冷水，如图 8-1 所示。一开始有只猴子想去拿香蕉，水柱立即喷出来，每只猴子都被淋湿，所有的猴子都尝试过，结果都是如此。于是猴子们就再也没有去拿香蕉的企图，因为害怕水柱会喷出来。这时用一只新猴换出笼内的一只旧猴，新猴刚准备拿香蕉，就被另外 4 只猴揍了一顿。于是，新猴就不敢再去拿香蕉，因为害怕被其他猴子揍。如此重复用新猴置换出经过水淋的猴，最后把 5 只旧猴全部替换后，奇迹发生了，5 只新猴都没有淋过水，但是它们都不敢去碰那个香蕉。因为它们知道，碰香蕉会被别的猴子打。但至于为什么会被打，它们谁也不知道。

图 8-1　猴子与香蕉

其实，强化学习就是通过不断与环境交互，利用环境给出的奖惩来不断改进策略（即在什么状态下采取什么动作），以求获得最大的累积奖励。学习者不会被告知应该采取什么动作，而是必须通过自己尝试去发现哪些动作会产生最丰厚的收益。在上述故事中，"奖"就是不被泼水或者不被打，"惩"就是被泼水或者被打。一只新猴进入笼子后，有可能去拿香蕉也有可能不去拿，但根据奖惩规律，只要猴子去拿香蕉就会被泼水或者被其他猴子殴打，所以最后没有一只猴子再去拿香蕉。根据这个故事，就可以类比强化学习中的几个重要的概念了。

（1）智能体：是强化学习中的主要研究对象。我们希望智能体能够通过环境的检验来实现系统的目标。

（2）环境：接收智能体执行的一系列动作，对这一系列动作进行评价，并将评价结果转换为一种可量化的信号反馈给智能体。

（3）状态：指智能体当前所处的环境，自身历史状态，以及目标完成情况。这里的目标是指系统在构建之初，为智能体所定义的目标。

（4）动作：指智能体和环境产生交互的所有行为的集合。这些行为可以是离散的或连续的，取决于具体的问题和环境。

（5）奖励：是智能体从环境中获得的正反馈。奖励是对智能体行为的评价，用于引导智能体学习适当的行为。此外，适应和开发环境本身也可以被视为一种奖励。

在经典的强化学习中，智能体与环境之间进行一系列的交互。在每个时刻，环境都将处于某种状态，智能体的目标是获取当前环境状态的观测值。基于这些观测值，智能体利用历史行为准则（通常称为策略）来选择行动。所选行动将影响环境的状态，导致环境发生变化。智能体从变化后的环境中获得两类信息：新的环境观测值和由行动带来的回报。这个回报可以是正向的，也可以是负向的，智能体将根据新的环境观测值采取新的行动。强化学习的训练过程如图 8-2 所示。

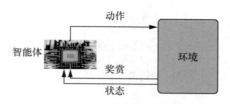

图 8-2 强化学习的训练过程

8.2 马尔可夫决策

马尔可夫决策过程是强化学习的重要概念，在强化学习中的环境一般是一个具有马尔可夫性质的环境。马尔可夫决策过程包含状态信息及状态之间的转移机制。如果用强化学习算法解决一个实际问题，第一步就是把这个实际问题抽象为一个马尔可夫决策过程，也就是明确马尔可夫决策过程的各个组成要素。下面从马尔可夫性质出发，一步一步地进行介绍，最后引出马尔可夫决策过程。

8.2.1 马尔可夫性质

马尔可夫性质是概率论中的一个概念，因数学家安德烈·马尔可夫得名。其含义是，一个随机过程在给定现在状态及所有过去状态的情况下，其未来状态的条件概率分布仅依赖于当前状态。换句话说，在给定当前状态时，当前状态与过去状态（即该过程的历史路径）是条件独立的，那么此随机过程即具有马尔可夫性质。举个例子，明天的天气（是否下大雨）仅与今天的天气（是否刮大风）有关，而与以前的天气无关。

具有马尔可夫性质指，只需要通过智能体当前状态就能知道其全部历史信息，即智能体进行决策时，当前状态信息包含了它过去所有的信息，无须了解别的信息。一旦了解状态信息，那么之前的那些信息都可以被抛弃。需要明确的是，具有马尔可夫性质并不代表这个随机过程就和历史完全没有关系，虽然 $t+1$ 时刻的状态只与 t 时刻的状态有关，但是 t 时刻的状态其实包含了 $t-1$ 时刻的状态信息，通过这种链式关系，历史信息被传递到了现在。马尔可夫性质可以大大简化运算，因为只要当前状态可知，所有的历史信息都不再需要了，利用当前状态信息就可以决定未来。

8.2.2 马尔可夫过程

马尔可夫过程（MP）指具有马尔可夫性质的随机过程，也称为马尔可夫链。MP 可以用一个两元组 $<S,P>$，即一个状态集合 S 和一个状态转移概率矩阵 P 来表示。状态空间指该 MP 包含的所有状态（有限个状态）信息。状态转移概率指在 MP 中，相邻两个状态之间的转移概率。状态转移概率矩阵即在状态集合中有先后顺序的状态之间，所有状态转移概率组成的矩阵。

对于一个马尔可夫状态 s 和一个后继状态 s' 来说，状态转移概率的计算式为

$$P_{ss'} = \mathbb{P}[S_t = s' \mid S_{t-1} = s] \tag{8-1}$$

状态概率矩阵 $\boldsymbol{P}$ 定义了从所有状态 s 到后继状态 s' 的转移概率，形式为

$$\boldsymbol{P} = \begin{bmatrix} P_{11} & \cdots & P_{1n} \\ \vdots & & \vdots \\ P_{n1} & \cdots & P_{nn} \end{bmatrix} \tag{8-2}$$

在 MP 的基础上加入奖励函数和折扣因子，就可以得到马尔可夫奖励过程（MRP）。其形式可以用一个四元组 $<S, \boldsymbol{P}, R, \gamma>$ 表示，其中 S 是状态集合，$\boldsymbol{P}$ 是状态转移概率矩阵，R 是奖励函数，γ 为折扣因子，γ 的取值范围为 $[0,1)$。引入折扣因子的理由为远期利益具有一定的不确定性，有时我们更希望能够尽快获得一些奖励，所以我们需要对远期利益打一些折扣。γ 接近 1 表示更关注长期的累计奖励，γ 接近 0 表示更考虑短期奖励。

以一个学生的日常生活为例，C_i 表示第 i 门课程，MP 如图 8-3 所示。

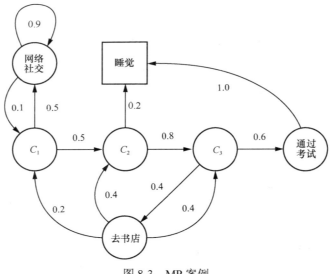

图 8-3　MP 案例

从而可以产生以下不同的序列（此处忽略产生的其他序列）。

（1）$C_1 \rightarrow C_2 \rightarrow C_3 \rightarrow$ 通过考试 $\rightarrow$ 睡觉。

（2）$C_1 \rightarrow$ 网络社交 $\rightarrow$ 网络社交 $\rightarrow C_1 \rightarrow C_2 \rightarrow$ 睡觉。

（3）$C_1 \rightarrow C_2 \rightarrow C_3 \rightarrow$ 去书店 $\rightarrow C_2 \rightarrow C_3 \rightarrow$ 通过考试 $\rightarrow$ 睡觉。

状态转移概率矩阵如下。

	C_1	C_2	C_3	通过考试	去书店	网络社交	睡觉
C_1		0.5				0.5	
C_2			0.8				0.2
C_3				0.6	0.4		
$\boldsymbol{P}$=通过考试							1.0
去书店	0.2	0.4	0.4				
网络社交	0.1					0.9	
睡觉							1

据此可以定义 MRP，如图 8-4 所示。

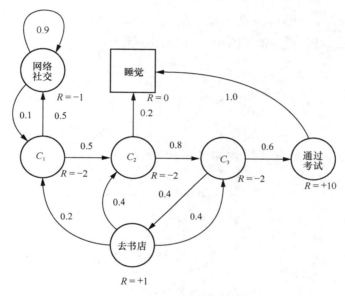

图 8-4 MRP 案例

期望回报 G_t 被定义为从时刻 t 之后的所有衰减的收益之和，计算式为

$$G_t = R_{t+1} + \gamma R_{t+2} + \cdots = \sum_{k=0}^{\infty} \gamma^k R_{t+k+1} \tag{8-3}$$

当 γ 接近 0 时，智能体更倾向于近期收益，当 γ 接近 1 时，智能体更侧重考虑长远收益。邻接时刻的收益可以表示为

$$G_t = R_{t+1} + \gamma G_{t+1} \tag{8-4}$$

MRP 的状态价值函数 $v(s)$ 给出了状态 s 的长期价值，计算式为

$$\begin{aligned}
v(s) &= \mathbb{E}[G_t \mid S_t = s] \\
&= \mathbb{E}[R_{t+1} + \gamma R_{t+2} + \gamma^2 R_{t+3} + \cdots \mid S_t = s] \\
&= \mathbb{E}[R_{t+1} + \gamma(R_{t+2} + \gamma R_{t+3} + \cdots) \mid S_t = s] \\
&= \mathbb{E}[R_{t+1} + \gamma G_{t+1} \mid S_t = s] \\
&= \mathbb{E}[R_{t+1} + \gamma v(S_{t+1}) \mid S_t = s]
\end{aligned} \tag{8-5}$$

可以将价值函数分解为两部分：即时收益 R_{t+1} 和后继状态的折扣价值 $\gamma v(S_{t+1})$。式（8-5）称为贝尔曼方程，其衡量了状态价值和后继状态价值之间的关系。

8.2.3　马尔可夫决策过程

前文提到的 MP 和 MRP 都是自发改变的随机过程，而如果有一个外界的"刺激"来改变这个随机过程，就有了马尔可夫决策过程（MDP）。这个外界的"刺激"叫作智能体的动作。MDP 通常用五元组 $\langle S, A, P, R, \gamma \rangle$ 来表示。其中，S 为有限的状态集合；A 为有限的动作集合；P 为状态转移概率矩阵；R 为奖励函数；$\gamma \in [0,1]$，为折扣率。我们可以把 MDP 分解为一个 MP 和一个 MRP。前文例子的 MDP 如图 8-5 所示。

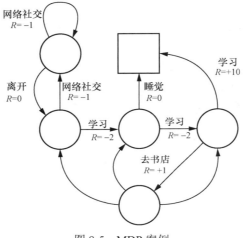

图 8-5　MDP 案例

不同于 MRP，在 MDP 中，通常存在一个智能体，负责执行动作。MDP 是一个与时间相关的不断进行的过程，在智能体和 MDP 之间存在一个不断交互的过程。一般而言，它们之间的交互是图 8-6 所示的循环过程：智能体根据当前状态 S_t 选择动作 A_t；对于状态 S_t 和动作 A_t，MDP 根据奖励函数和状态转移函数分别得到 R_t 和 S_{t+1}，并将其反馈给智能体。智能体的目标是最大化得到的累计奖励。

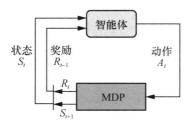

图 8-6　智能体与 MDP 的交互示意

8.2.4　最优价值函数与最优策略

在强化学习中，策略是智能体在给定环境状态下选择动作的规则或方案。它是智能体决策的核心，因为它决定了智能体的行为，即在不同状态下应该采取什么样的动作。在不同的情境下，策略可以采用不同的形式和复杂度。策略可以是随机的，指定每个动作的概率，表示在输入状态 s 下采取动作 a 的概率，其计算式为

$$\pi(a \mid s) = P[A_t = a \mid S_t = s] \tag{8-6}$$

一个策略完全确定了一个智能体的行为，同时 MDP 策略仅依赖于当前状态。给定一个 MDP$<S$，A，$\boldsymbol{P}$，R，$\gamma>$ 和一个策略 π，状态集合 S 为一个 MP$<S,\boldsymbol{P}^\pi>$，状态集合和奖励函数为一个 MRP$<S$，$\boldsymbol{P}^\pi$，R^π，$\gamma>$。

在策略 π 下，状态 s 的价值函数记为 $v_\pi(s)$，即从状态 s 开始，智能体按照策略 π 进行决策获得回报的概率期望值。其计算式为

$$\begin{aligned} v_\pi(s) &= \mathbb{E}_\pi[G_t \mid S_t = s] \\ &= \mathbb{E}_\pi\left[\sum_{k=0}^{\infty} \gamma^k R_{t+k+1} \mid S_t = s\right] \end{aligned} \tag{8-7}$$

在策略 π 下，在状态 s 时采取动作 a 的价值记为 $q_\pi(s,a)$，即根据策略 π，从状态 s 开始，执行动作 a 之后，所有可能的决策序列的期望回报。其计算式为

$$\begin{aligned} q_\pi(s,a) &= \mathbb{E}_\pi[G_t \mid S_t = s, A_t = a] \\ &= \mathbb{E}_\pi\left[\sum_{k=0}^{\infty} \gamma^k R_{t+k+1} \mid S_t = s, A_t = a\right] \end{aligned} \tag{8-8}$$

状态价值函数 v_π 和动作价值函数 q_π 都能从经验中估计得到，两者都可以被分解为当前和后继两个部分，计算式为

$$v_\pi(s) = \mathbb{E}_\pi[R_{t+1} + \gamma v_\pi(S_{t+1}) \mid S_t = s] \tag{8-9}$$

$$q_\pi(s,a) = \mathbb{E}_\pi[R_{t+1} + \gamma q_\pi(S_{t+1}, A_{t+1}) \mid S_t = s, A_t = a] \tag{8-10}$$

从一个状态 s 出发，采取一个行动 a，状态价值函数为

$$v_\pi(s) = \sum_{a \in \mathcal{A}} \pi(a \mid s)\, q_\pi(s,a) \tag{8-11}$$

从一个动作 s 出发，再采取一个行动 a 后，动作价值函数为

$$q_\pi(s,a) = \mathcal{R}_s^a + \gamma \sum_{s' \in S} \mathcal{P}_{ss'}^a v_\pi(s') \tag{8-12}$$

利用后继状态价值函数表示当前状态价值函数，计算式为

$$v_\pi(s) = \sum_{a \in \mathcal{A}} \pi(a \mid s) \left(\mathcal{R}_s^a + \gamma \sum_{s' \in S} \mathcal{P}_{ss'}^a v_\pi(s') \right) \qquad (8\text{-}13)$$

利用后继动作价值函数表示当前动作价值函数，计算式为

$$q_\pi(s,a) = \mathcal{R}_s^a + \gamma \sum_{s' \in S} \mathcal{P}_{ss'}^a \sum_{a' \in \mathcal{A}} \pi(a' \mid s') q_\pi(s',a') \qquad (8\text{-}14)$$

最优状态价值函数 $v_*(s)$ 被定义为所有策略上最大值的状态价值函数，计算式为

$$v_*(s) = \max_\pi v_\pi(s) \qquad (8\text{-}15)$$

最优动作价值函数 $q_*(s,a)$ 被定义为所有策略上最大值的动作价值函数，计算式为

$$q_*(s,a) = \max_\pi q_\pi(s,a) \qquad (8\text{-}16)$$

对于任意一个 MDP：存在一个比其他策略更优或相等的策略；所有的最优策略均能够获得最优的状态价值函数；所有的最优策略均能够获得最优的动作价值函数。最优策略可以通过最大化 $q_*(s,a)$ 获得。

8.3　基于免模型的强化学习算法

不同强化学习算法的关键区别是智能体能否充分了解或学习到所在环境的模型，即能否预测状态转移和奖励的函数。在有模型学习中，已知转移概率 P 和奖励函数 R 是重要的条件。然而，在实际应用中，很难获取转移概率、奖励函数等信息，有时甚至难以知晓有多少个状态。如果学习算法不依赖于对环境的建模，则被称为基于免模型的强化学习算法。本节将介绍基于免模型的强化学习算法，主要包括蒙特卡罗算法和时序差分算法。

8.3.1　蒙特卡罗算法

蒙特卡罗（MC）算法是一种在 20 世纪 40 年代中期应用概率统计理论解决数值计算问题的方法。该算法得名于一座城市的名字——蒙特卡罗，象征着概率，这也为它蒙上了一层神秘的色彩。

MC 算法是一种使用随机数来解决很多计算问题的方法，其基本原理是通过生成大量随机样本，以了解系统行为，并从中推导出所需计算的值。早在 1777 年，法国博物学家布丰提出了一个问题：在一个由平行等距木纹铺成的地板上，随机抛一支长度小于木纹间距的铁

针，求铁针和其中一条木纹相交的概率。通过这个问题，布丰提出了一种计算圆周率 π 的方法，即随机投针法，这也被认为是 MC 算法的起源。布丰投针示意如图 8-7 所示。

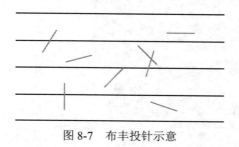

图 8-7　布丰投针示意

从布丰投针实验可以看出，MC 算法进行多次实验，然后取实验结果的平均值作为最终估计值。回到强化学习问题上，当我们不知道转移概率 P 时，就可以利用 MC 算法估计 π(s,a)，即随机选取状态（s）和行为（a），进行多次采样，取得 π(s,a)的均值，实现策略评估和改进。其学习策略 π 下的价值函数 vπ(s)为

$$v\pi(s) = \mathbb{E}\left[G_t \mid S_t = s\right] \tag{8-17}$$

其中，$\mathbb{E}$ 表示函数的期望，G_t 是指单个序列包括折扣的期望总和，S_t 是此状态下的期望值。

MC 算法关注的是，需要从环境中进行多少次采样，才能从不良策略中辨别出最优策略。计算蒙特卡罗评估值函数一般有两种方法：初访蒙特卡罗法和每访蒙特卡罗法。

（1）初访蒙特卡罗法：指每次实验，只用第一次出现的 π(s,a)来计算状态值函数，即计算采样的序列中第一次到达状态 s 的价值的期望。

（2）每访蒙特卡罗法：指无论该状态是不是第一次出现，直接对序列中的状态的价值进行平均，即总收益/出现总次数。

8.3.2　时序差分算法

时序差分(TD)算法是强化学习的核心算法之一，其思想融合了 MC 算法和动态规划(DP)算法。DP 算法的原理是将复杂问题分解为子问题，通过解决各个子问题来解决复杂问题。与 MC 算法类似，TD 算法也是一种无须了解环境中的信息（如转移概率、奖励函数等），直接从智能体与 MDP 的交互经验中学习，评估给定策略下状态空间中各个状态的价值函数的算法。TD 算法通过自己的预测更新价值，无须等到整个决策完成。TD 算法适用于无模型、持续进行的任务，并具有出色的性能，因此在实际应用中得到了广泛应用。其在实践中的首次突破来自西洋双陆棋。西洋双陆棋是一个有着五千年历史的古老游戏：对弈双方各有 15 颗棋子，每次靠掷两个骰子决定移动棋子的步数，最先把棋子全部转移到对方区域者获胜，如图 8-8 所示。

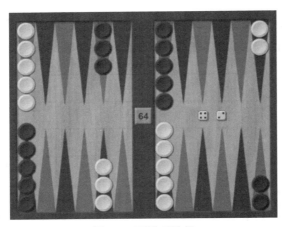

图 8-8　西洋双陆棋

TD 算法与 MC 算法都是利用样本估计价值函数的算法，它们都涉及展望一个样本的待评估状态的后继状态，使用后继状态的价值函数和奖励来更新待评估状态的价值。TD 算法与 MC 算法又有以下区别。

（1）马尔可夫性质的利用。

TD 算法利用贝尔曼期望方程来计算带衰减的未来收益的总和，表现出对马尔可夫性质的利用。而 MC 算法没有利用马尔可夫性质，在非马尔可夫环境中会更加有效。

（2）TD 算法属于有偏估计。

TD 算法的特点：低方差，高偏差。TD 算法因为根据后续状态预测价值更新，所以属于有偏估计，但因其只用到了一步随机状态和动作，所以 TD 带衰减的未来收益的总和的随机性较小，方差也小。而 MC 算法因为计算的价值函数完全符合其定义，即 $v\pi(s)=\mathbb{E}(G_t|S_t=s)$，所以属于无偏估计。但是，$G_t$ 值要等到序列终止才能求出，这个过程会经历很多随机的状态和动作，随机性大，所以方差很大。

TD 算法借鉴了递增计算平均值的 MC 算法思想，只不过，MC 算法是真实的样本序列奖励，而 TD 算法是使用预测的价值函数代替真实样本序列。MC 算法的状态值函数为

$$v(S_t)\leftarrow v(S_t)+\alpha[G_t-v(S_t)] \tag{8-18}$$

其中，G_t 是每个状态结束后获得的实际累积回报，α 是学习率，用实际累积回报 G_t 作为状态值函数 $v(S_t)$ 的估计值。具体的做法是，对每个状态，考察实验中 S_t 的实际累积回报 G_t 和当前估计 $v(S_t)$ 的偏差值，并用该偏差值乘以学习率来更新并得到 $v(S_t)$ 的新估值。而 TD 算法，把 G_t 换成 $r_{t+1}+\gamma v(S_{t+1})$，就得到了更新的状态值函数，即

$$v(S_t)\leftarrow v(S_t)+\alpha[r_{t+1}+\gamma v(S_{t+1})-v(S_t)] \tag{8-19}$$

利用真实的立即回报 r_{t+1} 和下个状态的状态值函数 $v(S_{t+1})$ 来更新 $v(S_t)$，这种方式就叫作

时间差分。由于没有状态转移概率，所以要利用多次实验来得到期望状态值函数估值。类似MC 算法，在进行足够多的实验后，状态值函数的估计是能够收敛于真实值的。

8.4　强化学习前沿

在典型的强化学习框架下，智能体充当学习系统，其目标在于接收外部环境的当前状态信息 s，采取动作 a 并获取环境反馈所产生的评价 r 以及新的环境状态。当智能体执行某个动作 a 后获得积极的环境奖励时，将强化智能体未来产生此动作的倾向；相反，当环境奖励为负时，智能体产生此动作的趋势将削弱。在学习系统中，智能体通过不断调整从状态到动作的映射策略，以学习的方式不断修改控制行为，这是通过与环境反馈的状态和评价进行反复交互实现的。这一过程旨在优化系统性能以达到最优化的目标。强化学习前沿就是进一步优化标准强化学习问题，用强化学习算法研究未知环境。由于环境的复杂性和不确定性，使这些问题变得更复杂，所以学者们也从未停止对强化学习的研究。本节将介绍一些前沿的强化学习算法。

8.4.1　逆向强化学习

在前文所讲述的强化学习算法中，奖励大多是人为指定或由环境给出的。然而，在很多复杂的任务中，很难制定奖励。此外，人为设计奖励函数具有很大的主观性，很难找到合适的奖励函数，而不同的奖励函数最终会导致不同的最优策略。在很多实际任务中，一些由专家完成的任务序列通常被认为具有较高的累积奖励。尽管专家在执行复杂任务时可能并未明确考虑奖励函数，但可以假设他们的决策是最优或接近最优的。这意味着，当所有策略产生的累积奖励期望都不如专家策略期望大时，对应的奖励函数可能是通过示例学到的。逆向强化学习（IRL）就是从专家示例中学习奖励函数的一种方法。在 MDP 中，奖励函数是未知的，而专家在此 MDP 环境下完成任务时的策略往往是最优或接近最优的。图 8-9 所示为逆向强化学习的流程，其中包含了由专家演示轨迹组成的集合，逆向强化学习通过学习专家演示轨迹学习到专家策略，进而按照专家策略生成该 MDP 下的奖励函数。

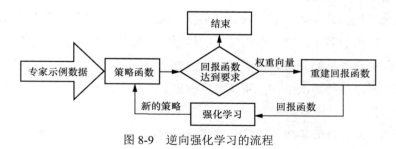

图 8-9　逆向强化学习的流程

如果将最开始的逆向强化学习思想用数学的形式表示出来，那么这个形式可以被归结为最大边际化问题。根据这个问题发展起来的算法包括：学徒学习算法、最大边际规划（MMP）算法、结构化分类算法和神经逆向强化学习（NIRL）算法。MMP算法的一个明显缺点是，在许多情况下，不存在一个单一的回报函数，使专家示例的行为比其他行为更优，或者存在多个不同的回报函数，导致相同的专家策略。这意味着该算法无法解决歧义问题。为解决歧义问题，基于概率模型的形式化算法应运而生。研究者们在概率模型的基础上发展出了许多逆向强化学习算法，包括最大熵逆向强化学习算法、相对熵逆向强化学习算法、最大熵深度逆向强化学习算法等。这些算法通过概率模型的引入，能够更好地处理不确定性和多样性，从而解决了传统算法的一些问题。逆向强化学习算法的分类如图8-10所示。

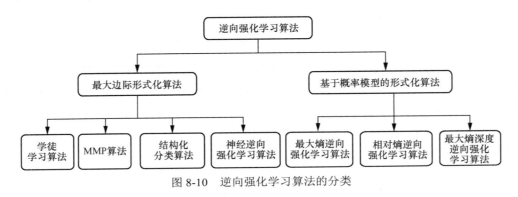

图 8-10　逆向强化学习算法的分类

8.4.2　分层强化学习

传统强化学习算法在面对复杂环境或困难任务时，会面临维度灾难问题。这一问题的核心在于，当智能体的状态空间变得庞大时，学习参数和所需存储空间将急剧增加，传统强化学习算法难以达到理想效果。为了应对维度灾难，研究者提出了分层强化学习（HRL）。分层强化学习的基本原理是将复杂问题分解为多个小问题，通过分别解决这些小问题来最终解决原问题。近年来，人们普遍认为分层强化学习能够基本解决强化学习中的维度灾难问题。因此，研究重心逐渐转向了如何将复杂问题抽象成不同层次，以便更有效地解决这些问题。分层强化学习通常可以分为四大类。

（1）基于选项的强化学习：该方法通过定义选项（即一系列动作序列），来简化任务。选项是一种高层抽象的动作，由一系列基本动作组成，能够有效降低问题的复杂度。

（2）基于分层抽象机的分层强化学习：这一方法使用层次化结构，其中每个层次对应不同的抽象程度。通过这种层次结构，系统可以做出更高级别的决策，从而减轻智能体在复杂环境中的决策负担。

（3）基于MAXQ价值函数分解的分层强化学习：该方法将任务分解为一系列子任务，

然后分别学习每个子任务的价值函数。通过这种方式，问题得以简化，使每个子任务可以独立学习，从而提高效率。

（4）端到端的分层强化学习：这一方法将整个层次结构视为一个端到端的模型，并通过端到端训练来实现分层学习。这种方法能够更全面地考虑各个层次之间的关系，以更好地处理复杂任务。

这些方法的出现使分层强化学习成为应对维度灾难的有效工具，并为处理复杂任务提供了新的思路。

8.4.3　深度强化学习

深度学习（DL）和强化学习（RL）作为机器学习领域的研究热点，分别侧重于学习能力以及学习解决问题的策略。DL 通过多层网络结构和非线性变换，以发现数据的分布式特征表示，主要用于图像分析、语音识别、自然语言处理等领域。RL 则通过最大化智能体从环境中获得的累计奖赏值，以学习到完成目标的最优策略，用于工业制造、机器人控制、游戏博弈等任务。然而，面对越来越复杂的现实场景任务，需要深度学习算法自动学习大规模输入数据的抽象表征，并以此表征为基础来优化解决问题的策略。为了解决这一挑战，谷歌的人工智能研究团队 DeepMind 创新性地将深度学习的感知能力与强化学习的决策能力结合，形成了深度强化学习（DRL）。

深度神经网络在实现端到端的学习方面表现出强大的能力，可以直接从高维数据（如图像、声音）中学习到有用的特征，相较于人工设计的特征更为通用。然而，将深度学习应用于强化学习时也将面临以下挑战。

（1）样本效率问题。深度学习通常需要大量的标记数据来训练模型，但在强化学习中，获取高质量的标签数据可能相对昂贵或者不可行。因为在强化学习中，模型的训练是通过与环境的交互获得的，而这一过程通常需要数以千计的试验。样本效率的问题使深度强化学习在某些实际应用中受到限制。

（2）延迟奖励问题。在强化学习中，奖励信号通常是延迟的，即某个动作的影响可能要在未来的多个时间步骤后才能显现。深度学习模型在处理延迟奖励时可能难以捕捉到长期的因果关系，导致模型在学习时对未来奖励的预测存在挑战。

（3）稳定性和收敛性问题。强化学习中的环境通常是非平稳的，而且学习过程中的动态变化和噪声可能导致深度学习模型的不稳定性。训练过程可能存在收敛困难，甚至可能导致模型性能的剧烈波动。

由于游戏通常具有复杂的规则和策略空间，深度强化学习在游戏领域的应用尤为显著，AlphaGo 就是一个成功的例子。通过大规模的强化学习和深度神经网络，AlphaGo 超越了人类棋手的水平。但是在其他领域，其学习能力和人类相比还相差甚远。

8.5 项目实践：车杆游戏

车杆游戏的规则很简单：有一辆小车，在小车上竖着一根杆子，玩家需要左右移动小车来保持杆子竖直，如果杆子倾斜的角度大于 15°，那么游戏结束，同时小车也不能移动出画面范围。车杆游戏示意如图 8-11 所示。

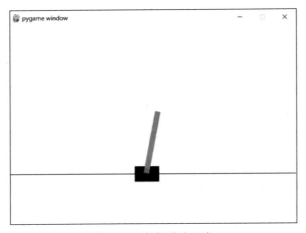

图 8-11　车杆游戏示意

在每个时间步，你可以观察它的位置（x）、速度（x_dot）、角度（theta）和角速度（theta_dot）。在任何状态下，小车只有两种可能的行动：向左移动、向右移动。换句话说，车杆的状态空间有 4 个维度的连续值，行动空间有一个维度的两个离散值。本节将使用 Python 编程，通过强化学习算法使小车上的杆子自动恢复平衡，实践步骤如下。

（1）首先安装 Gym 环境，安装命令如下。Gym 是 OpenAI 发布的用于开发强化学习算法的工具包。使用它可以让智能体做很多事情，如行走、跑动，以及进行多种游戏。

```
pip install gym
```

（2）在 Jupyter Notebook 中新建文件并输入以下代码。

```
import gym
import time
if __name__ == "__main__":
# 生成 CartPole 仿真环境
env = gym.make('CartPole-v0')
for i_episode in range(20):
# 初始化/重置环境
observation = env.reset()
for t in range(100):
```

```
# 渲染环境并可视化显示
env.render()
# 随机获取需要执行的动作
action = env.action_space.sample()
# 执行动作，获取仿真环境的反馈
# observation: 表示智能体下一步的动作
# reward: 表示智能体执行动作之后获得的奖励
# done: 表示状态是否为最终状态，即本轮游戏是否结束
# info: 表示辅助信息
observation, reward, done, info = env.step(action)
if done:
print(observation)
time.sleep(1)
break
time.sleep(10)
# 关闭仿真环境
env.close()
```

习　题

1. 什么是强化学习？
2. 什么是马尔可夫性质？
3. 什么是 MDP？
4. MDP 与 MRP 的区别是什么？
5. 什么是 MC 算法？
6. 什么是 TD 算法？

第 9 章　自然语言处理概述

自然语言处理是集计算机科学、人工智能和语言学于一体的研究领域，旨在探索计算机与人类（自然）语言之间的相互作用。它涉及多种研究理论和方法，以实现人与计算机之间在自然语言环境下的有效通信。自然语言处理的研究范围包括自然语言（人们日常使用的语言），与语言学的研究密切相关，但也有自身的独特之处。自然语言处理强调研究能够有效实现自然语言通信的计算机系统，特别是其中的软件系统，因此它是计算机科学的重要组成部分。

本章主要是让读者认识和理解自然语言处理。首先介绍自然语言处理的概念、基本工具包和语料库；接着介绍自然语言处理技术分类及应用；然后介绍 Transformer；最后讨论自然语言处理应用实践——新闻文本分类。

9.1　自然语言处理简介

自然语言处理是研究人与计算机交流的一门学科，是人工智能的主要内容。如图 9-1 所示，研究自然语言处理，需要同时具备计算机科学、语言学和人工智能学科的相关知识。

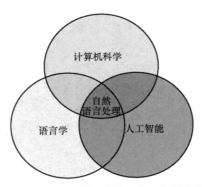

图 9-1　自然语言处理与计算机科学、人工智能和语言学的关系

与编程语言相比，自然语言复杂得多，具备高度灵活的特点。开发者们都比较熟悉编程

语言，很容易体会到编程语言的复杂程度。那么自然语言与编程语言相比，如何定义复杂程度呢？二者的不同之处，可以总结为以下 5 个方面。

1．词汇量

自然语言中的词汇要远比编程语言中的词汇丰富。在常见的编程语言中，能使用的词汇数量是有限而且确定的。例如，C 语言一共有 32 个关键字。尽管在编程中可以更改变量名、函数名等，但是在计算机的角度下，这些只是一堆符号，缺乏语言信息，而在自然语言中，可以使用的词汇量是无穷无尽的。

2．结构化

自然语言是非结构化的，而编程语言是结构化的。在编程中，判断时需要使用 if 语句，循环时需要使用 for 或 while 等语句。编程语言都是非常严谨的结构，而自然语言是不需要这些条条框框的，类似于汉语，可以用不同词语表达出同样的意思。

3．歧义性

自然语言含有大量歧义，这些歧义根据语境的不同而表现为特定的义项。例如汉语中的多义词只有在特定的上下文中才能确定其含义。例如：X 国的乒乓球选手很厉害，谁也打不过；Y 国的足球比较弱，谁也踢不过。只读每句话的后半句，我们会感觉二者的意思一样，而加上前面的话，是不是意思会完全不同？而在编程语言中就不存在歧义，因为它们都是特定的关键字，并且如果程序员在无意间写了有歧义的代码，程序就会报错而无法运行。

4．容错性

自然语言有很强的容错性。在人际交往中，即使话语错得很离谱，也可大致猜出它的意思。在互联网上，文本更加随性，错别字或者语句、不规范的标点符号随处可见。

但在编程语言中，程序员必须保证语句绝对正确、语法绝对规范，否则要么会被编译器警告，要么编译器会提示错误。

5．简略性

有时为了避免重复，我们在交流中会省略一些已经提及的信息，例如使用代词来代替之前提到过的对象。这种省略在口语和书面语中很常见，因为我们可以通过听说速度、书写速度和阅读速度的限制来传达共享的信息。但在编程语言中，这种省略并不总是适用，因为编程语言可能需要明确地指定和表示所有的信息。

9.2 自然语言处理工具包和语料库

9.2.1 自然语言处理工具包

在人工智能出现之前，机器能处理结构化的数据（例如 Excel 表格中的数据），但是网络中大部分的数据都是非结构化的，例如文章、图片、音频等。在非结构数据中，文本的数量是最多的，它虽然没有图片和视频占用的空间大，但是信息量是最大的。为了能够分析和利用这些文本信息，需要利用自然语言处理技术，让机器理解这些文本信息，并加以利用。

自然语言处理工具包（NLTK）是用 Python 程序构建人类语言数据的领先平台。它为 50 多种语料库和词汇资源（如 WordNet）提供了易于使用的界面，用于分类、解析和推理语义的文本处理库。它可以为工程师、学生、教育工作者等提供服务，适用于 Windows、Linux 等平台。最重要的是，自然语言处理工具包是一个免费的、开源的、社区驱动的项目。因此，自然语言处理工具包被称为"使用 Python 进行教学和计算语言学工作的绝佳工具"。并且，自然语言处理工具包是 Python 程序中非常优秀的用于研究自然语言的第三方库，它集中了许多自然语言处理方式的算法，不需要用户自己编写算法，可以让用户更关注应用本身。自然语言处理工具包收集的大量公开数据集和模型提供了全面、易用的接口，涵盖了分词、词性标注、命名实体识别、句法分析等各项自然语言处理领域的功能。

9.2.2　语料库

语料库指的是大量文本或语音数据的集合，可以包括书籍、新闻、博客、社交媒体帖子等多种文本类型。语料库在自然语言处理中具有重要的作用，如图 9-2 所示。首先，语料库是自然语言处理研究的基础。各种自然语言处理技术的发展都基于对语料库的分析和研究，它们可以作为实验数据用于算法开发和调试。其次，语料库是训练自然语言处理算法的重要数据源。自然语言处理算法需要通过大量的语料库数据来学习语言规则和模式，如果语料库不充分或不具有代表性，算法的性能将大受影响。另外，语料库还可以用于语料库语言学分析，以模拟自然语言运用规律；或者进行文本挖掘、情感分析、主题模型等自然语言处理任务。

语料库为自然语言处理技术的提升和发展提供了可靠的基础数据，是自然语言处理中不可或缺的一个部分。

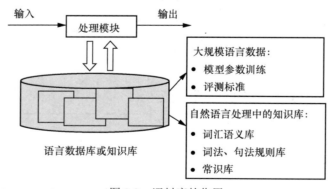

图 9-2　语料库的作用

9.3　自然语言处理技术分类

通过前面两节我们已经了解了自然语言处理的概念、基础工具包及语料库。下一步我们应该了解自然语言处理涉及的相关技术，这些技术可以按照不同的分类标准、基于不同的观察视角进行划分。基于不同的分类原则，自然语言处理相关技术的分类结果也有所不同。在这里，主要从基础技术和应用技术的方向划分。自然语言处理技术分类如图 9-3 所示。

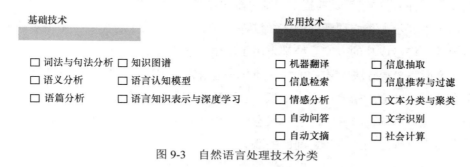

图 9-3　自然语言处理技术分类

9.3.1　自然语言处理基础技术分类

自然语言处理的基础技术包括词汇、短语、句子和篇章级别的表示，以及词法、句法分析和语义分析等。其中词法、句法、语义分析可以通过前面提到的自然语言处理工具包进行处理。本小节重点介绍语言知识表示和深度学习。

1．语言知识表示

语言知识表示是一组描述事物的约定，可以被看成将人类语言知识表示成机器能处理的数据结构。使用人工智能技术解决各种实际问题中，需要各类知识的表示方法。我们要研究如何将知识存储在计算机中，以便能够方便和正确地使用知识，合理地表示知识，使问题的求解变得容易和具有较高的求解效率。语言知识表示是一种将数据结构、控制结构和解释过程相结合的技术，可以用于在计算机程序中存储和处理信息。在这种技术中，设计合适的数据结构对于程序的智能推理和演化非常重要。语言知识表示是推理和行动的载体，如果没有合适的语言知识表示，任何构建智能体的计划都无法实现。通常有以下几种语言知识表示方法。

（1）一阶谓词逻辑表示方法。一阶谓词逻辑表示方法是利用一阶谓词逻辑公式描述事物对象、对象性质和对象间的关系。这种方法将自然语句写成逻辑公式，采用演绎规则和归结法进行严格的推理，能够证明一个新语句是由已知正确的语句推导出来的，即可断定这个新的语句（新知识）是正确的。知识库可以被视为一组逻辑公式的集合，增加或删除逻辑公式即对知识库进行修改。

一阶谓词逻辑表示方法的优点是以明确和规范的规则构造复杂事物，结构清晰，是可分离语法知识和处理语法知识的程序。它涵盖完备的逻辑推理方法，不局限于具体领域，有较好的通用性。缺点是适合于事物间确定的因果关系，难于表示过程和启发式知识，推理过程可能产生组合爆炸，推理效率较低。

（2）产生式表示方法。产生式表示方法是根据串代替规则提出的一种计算模型，模型中的每条规则称为产生式。产生式的基本形式是 $P{\rightarrow}Q$，P 是产生式的前提（前件），Q 是一组结论或操作（后件），如果满足前提 P，则可推出结论 Q 或系统执行 Q 所规定的操作。产生式表示方法可以表示人类心理活动的认知过程，其已经成为人工智能中应用最多的一种语言知识表示模式，许多成功的专家系统都采用了产生式表示方法。

（3）语义网络表示方法。语义网络表示方法是语言知识表示中的关键方法之一，它提供了一种强大而灵活的方式来表达语言知识。通过使用带有标记的有向图的节点和边结构，语义网络表示方法可以描述事件、概念、状态、动作以及它们之间的关系。这种带有标记的有向图能够自然而直观地描绘客体之间的关联。

语义网络表示方法因为其自然的特性而得到广泛应用。使用语义网络表示方法的知识库通常使用带有标记的有向图来描述潜在的事件。知识库的修改是通过插入和删除客体及与其相关的关系实现的。语义网络表示方法适用于根据非常复杂的分类进行推理，表示事件状况、性质、动作以及它们之间的关系。

语义网络表示方法的基本形式是（节点1，弧，节点2），其中节点代表各种事物、概念、情况、属性、动作、状态等，每个节点可以具有多个属性，通常使用框架或元组表示。除此之外，节点还可以是一个语义子网络，用于形成多层次的嵌套结构。语义网络表示方法中的弧表示各种语义联系，指明它所连接的节点间具有某种语义关系。节点和弧都必须带有标记，来方便区分不同对象及对象间的语义联系。语义网络表示方法示例如图9-4所示。

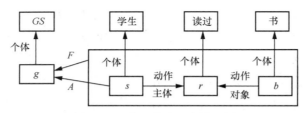

图9-4　语义网络表示方法示例

2. 深度学习

深度学习是机器学习中最为重要的分支之一，而机器学习是人工智能的一个组成部分。其中，李开复在《人工智能》一书中对深度学习的解释易于读者理解。为了更好地解释深度学习，我们以识别图片中的汉字为例。假设深度学习网络需要处理的信息是"水流"，而这个深度学习网络可以被看作一个由管道和阀门组成的巨大网络。网络的入口是一些管道开口，网络的出口也是一些管道开口。该水管网络由多层组成，每一层都有多个控制水流流向和流量的调节阀。根据任务的不同需求，水管网络的层数和每层的调节阀数量可以有不同的组合和变化。对于复杂的任务，调节阀的总数可能会达到成千上万甚至更多。在水管网络中，每一层的每个调节阀都通过水管与下一层的所有调节阀连接起来，形成一个从前到后、逐层完全连通的水流系统，如图 9-5 所示。

图 9-5　深度学习举例

举个例子，假设我们想让计算机识别一张写有汉字"天"的图片。首先，将构成图片的每个颜色点转换成由 0 和 1 组成的数字表示形式。接着，我们建立一个水管网络，将这些数字信息以水流的形式输入网络。在水管网络的每个出口位置，我们放置一个标有不同汉字的字牌，以表示我们要计算机识别的汉字。然后，水流流经整个水管网络，最后观察哪个出口位置对应的水流最多。如果标有"天"的出口位置的水流最多，那么说明这个水管网络符合要求；如果不是最多，我们需要调整每个流量的调节阀，使标有"天"的出口位置的水流量最大化。这样的调节，可以让计算机识别出我们所期望的汉字"天"。

除此之外，自然语言的基础研究还涉及词义消歧、指代消解、命名实体识别等方面。本书作为入门技术读物，不再深入介绍。但知道这些分支的存在，有助于读者构建完整的知识体系。

9.3.2　自然语言处理应用技术分类

在前面的小节中，我们了解了一些自然语言处理的术语。现在我们来了解自然语言处理的应用技术，主要包含包括情感分析技术、社会计算技术、自动文摘技术、信息抽取技术。

1．情感分析技术

情感分析技术利用计算技术对文本进行挖掘和分析，以判断文本的情感倾向、主客观性和观点。它被广泛应用于评论机制的 App 选举预测、股票预测等领域，并在互联网舆情分析中扮演着重要的角色。

目前，已经有许多研究提出了用于情感分析的各种技术。这些技术包括有监督算法和无监督算法。在有监督算法方面，早期的研究主要关注支持向量机、最大熵、朴素贝叶斯等算法，以及特征组合的方法。而无监督算法则利用情感词典、语法分析和句法模式等不同的算法进行情感分析。

总的来说，情感分析技术通过计算技术的应用，能够深入挖掘和分析文本的情感信息，为各个领域的应用提供有价值的洞察和判断。有监督和无监督算法的使用使情感分析技术更加多样化。

2. 社会计算技术

社会计算技术作为计算机系统的核心，以社会科学理论为指导，深度应用于互联网环境下的各个领域。在当前的金融领域，采用该技术探索金融风险和危机的动态规律，为金融行业的发展提供了有力的支持；在社会安全领域，该技术的应用帮助人们全面掌握舆情，引导舆论，有效维护社会稳定；在军事领域，各国不断加大该技术的投入力度，全力促进军事信息化的发展，充分发挥其在国防建设中的作用。

3. 自动文摘技术

自动文摘技术可以利用计算机技术，根据用户需求从源文本中提取最重要的信息，并生成一个简单版本。它具有压缩性、内容完整性和可读性特点。自动文摘技术可分为基于统计的机械式文摘技术和基于意义的理解式文摘技术。基于统计的机械式文摘技术是目前主要采用的方法，虽然实现简单，但结果可能不尽如人意。而基于意义的理解式文摘技术建立在对自然语言的理解基础上，类似于人工提取摘要，因此难度较大。

4. 信息抽取技术

信息抽取技术是一种从文本中提取特定事实信息的技术。这些抽取的信息通常以结构化形式存储在数据库中，可供用户查询和进行进一步分析，为构建知识库和智能问答等任务提供数据支持。该技术利用命名实体识别、句法分析、篇章分析和推理等方法，对文本进行深入理解和分析，实现信息抽取。信息抽取技术对于构建大规模的知识库具有重要意义。然而，由于自然语言的复杂性和歧义性等特点，以及信息抽取目标的规模庞大和多样复杂的挑战，目前信息抽取技术仍然有待改进。

9.4 Transformer

前面已经介绍了自然语言处理的基本概念、工具包、语料库和技术分类，但是怎样将语言与技术联系起来进行实践应用？Transformer 的双向编码器可解决此问题，它是在论文"Attention is All You Need"中被提出的，现在是谷歌云张量处理器推荐的参考模型。在本节中，我们将试图把模型简化，并逐一介绍 Transformer 的核心概念。

9.4.1 Transformer 整体结构

Transformer 的整体结构如图 9-6 所示，它是用于中英文翻译的整体结构。

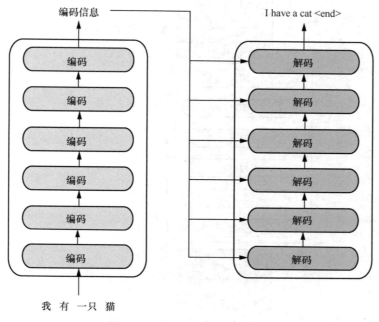

图 9-6 Transformer 的整体结构

可以看到，Transformer 由编码和解码两个部分组成，编码和解码都各包含 6 个块。Transformer 的工作流程大体如下。

第一步：获取输入句子的每一个单词的表示向量 x。x 又简称词向量。词向量是从原始数据提取出来的特征表示向量和单词位置向量相加得到的，如图 9-7 所示。

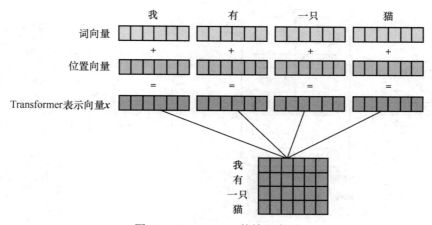

图 9-7 Transformer 的输入表示

第二步：将得到的单词表示向量矩阵传入编码，经过 6 个编码块后可以得到句子中所有单词的编码信息矩阵 C，如图 9-8 所示。单词向量矩阵用 $X_{n \cdot d}$ 表示，n 是句子中单词个数，d 表示向量的维度。每一个编码块输出的矩阵维度与输入完全一致。

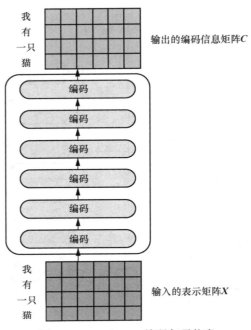

图 9-8　Transformer 编码句子信息

第三步：将编码输出的编码信息矩阵 C 传递到解码中，解码依次会根据当前翻译过的单词 $1 \sim i$ 翻译下一个单词 $i+1$，如图 9-9 所示。在使用的过程中，翻译到单词 $i+1$ 时需要通过掩码操作遮盖住 $i+1$ 之后的单词。

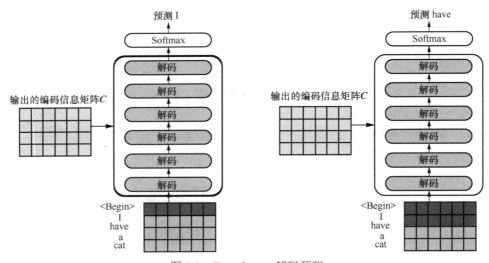

图 9-9　Transformer 解码预测

从图 9-9 中可以看到，解码接收了编码的编码信息矩阵 C，首先输入一个翻译开始符 "<Begin>"，预测第一个单词 "I"；然后输入翻译开始符 "<Begin>" 和单词 "I"，预测单词 "have"，以此类推。

9.4.2 自注意力机制

Transformer 工作流程中的自注意力（Self-Attention）机制如图 9-10 所示。加粗方框中的部分为多头注意力机制，是由多个自注意力机制组成的，可以看到编码块包含一个多头注意力机制，而解码块包含两个多头注意力机制（其中有一个用到掩码）。多头注意力机制上方还包括一个 Add & Norm 层：Add 表示残差连接，用于防止网络退化；Norm 表示层级归一化，用于对每一层的激活值进行归一化。

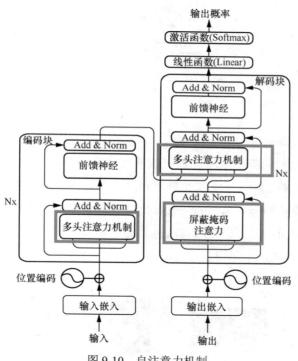

图 9-10 自注意力机制

因为自注意力机制是 Transformer 的重点，所以本小节重点关注多头注意力机制和自注意力机制。首先我们详细了解一下自注意力机制的内部逻辑。

1. 自注意力机制的结构

自注意力机制在计算时需要用到矩阵 Q（查询）、K（键值）、V（值），如图 9-11 所示。矩阵缩放点积自注意力机制是一种根据输入序列中不同位置的相关性来加权计算输出的机制。它首先将输入的 Q、K、V 矩阵进行矩阵相乘，然后进行缩放，接着计算注意力分布向量，利用 Softmax 对注意力分布向量进行归一化处理，最后求归一化后的注意力分布向量与原始 V 矩阵的加权和并将其作为输出向量。此过程中还包含屏蔽无关信息等步骤。在实际中，自注意力机制接收的是输入（由单词的表示向量 x 组成的矩阵 X）或者上一个编码块的输出。而 Q、K、V 正是通过自注意力机制的输入进行线性变换得到的。

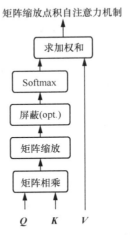

图 9-11   自注意力机制的结构

2．Q、K、V 的计算

首先，自注意力机制的输入矩阵 X 通过线性变换矩阵 WQ、WK、WV 分别得到 Q、K、V 矩阵。然后，对 Q 和 K 矩阵进行点积计算得到注意力得分矩阵，再利用缩放因子进行缩放。接着，对缩放后的注意力得分矩阵进行 Softmax 操作，得到注意力权重矩阵。最后，将注意力权重矩阵与 V 矩阵相乘，得到最终的自注意力输出矩阵。计算过程如图 9-12 所示，注意 X、Q、K、V 的每一行都表示一个单词。

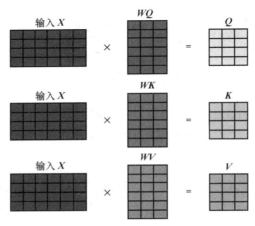

图 9-12 Q、K、V 的计算过程

3. 自注意力机制的输出

得到矩阵 $\boldsymbol{Q}$、$\boldsymbol{K}$、$\boldsymbol{V}$ 后就可以计算自注意力机制的输出了，计算式为

$$\text{Attention}(\boldsymbol{Q}, \boldsymbol{K}, \boldsymbol{V}) = \text{Softmax}\left(\frac{\boldsymbol{Q}\boldsymbol{K}^{\text{T}}}{\sqrt{d_k}}\right)\boldsymbol{V} \qquad (9\text{-}1)$$

其中，d_k 是 $\boldsymbol{Q}$、$\boldsymbol{K}$ 矩阵的列数，即向量维度。

计算矩阵 $\boldsymbol{Q}$ 和 $\boldsymbol{K}$ 每一行向量的内积时，为了防止内积过大，需要除以 d_k 的平方根。$\boldsymbol{Q}$ 乘以 $\boldsymbol{K}$ 的转置后，得到的矩阵行列数都为 n，n 也代表句子单词数，$\boldsymbol{Q}\boldsymbol{K}^{\text{T}}$ 矩阵可以表示单词之间的关联强度。图 9-13 所示是 $\boldsymbol{Q}$ 乘以 $\boldsymbol{K}^{\text{T}}$ 的计算过程，1、2、3、4 表示的是句子中的单词。

得到 $\boldsymbol{Q}\boldsymbol{K}^{\text{T}}$ 之后，使用 Softmax 计算每一个单词对其他单词的 Attention 系数，如图 9-14 所示。图 9-14 中的 Softmax 是指对矩阵的每一行进行 Softmax，即每一行的和都变为 1。

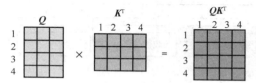

图 9-13　$\boldsymbol{Q}$ 乘以 $\boldsymbol{K}^{\text{T}}$ 的计算过程

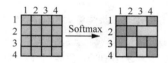

图 9-14　对矩阵的每一行进行 Softmax

得到 Softmax 矩阵之后可以将其与 $\boldsymbol{V}$ 相乘，得到最终的输出 $\boldsymbol{Z}$，如图 9-15 所示。

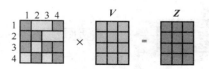

图 9-15　自注意力机制的输出

从图 9-15 中可以看出，Softmax 矩阵的第 1 行表示单词 1 与其他所有单词的机制系数，最终，单词 1 的输出 $\boldsymbol{Z}_1$，由所有单词 i 的值 $\boldsymbol{V}_i$ 根据机制系数的比例加在一起得到，过程如图 9-16 所示。

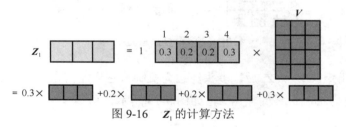

图 9-16　$\boldsymbol{Z}_1$ 的计算方法

4．多头注意力机制

在图 9-15 中，我们已经知道怎么通过自注意力机制计算得到输出矩阵 Z，而多头注意力机制是由多个自注意力机制组合形成的。图 9-17 所示为多头注意力机制的结构。

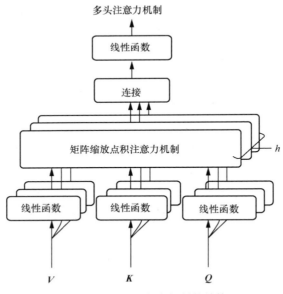

图 9-17　多头注意力机制的结构

从图 9-17 中可以看到，多头注意力机制包含多个自注意力机制层，首先将输入 X 分别传递到 h 个不同的自注意力机制中，计算得到 h 个输出矩阵 Z。图 9-18 所示是 $h=8$ 的情况，此时会得到 8 个输出矩阵 Z。

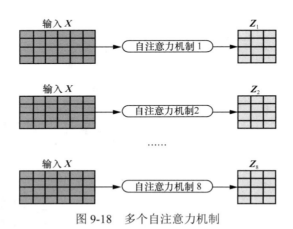

图 9-18　多个自注意力机制

得到 8 个输出矩阵 $Z_1 \sim Z_8$ 后，多头注意力机制将它们连接在一起，然后传入一个线性层，得到多头注意力机制最终的输出 Z，如图 9-19 所示。

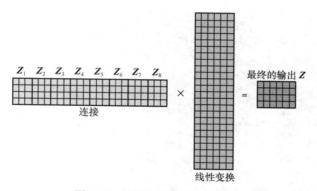

图 9-19　多头注意力机制的输出

从图 9-19 可以看出，多头注意力机制输出的矩阵 Z 与其输入的矩阵 X 的维度是一样的。

9.4.3　Transformer 总结

Transformer 以其良好的并行训练能力著称。由于 Transformer 本身无法直接利用单词的顺序信息，因此需要引入位置向量来辅助输入，否则 Transformer 将仅是一个简单的词袋模型。在 Transformer 中，自注意力机制是其核心之一。该机制使用了 Q、K、V 矩阵，并通过线性变换来处理输出。此外，Transformer 中的多头注意力机制包含多个自注意力机制，可以捕捉单词之间在多个维度上的相关性和注意力分布。这种设计使模型能够更好地理解文本中的语义和关联。

9.5　项目实践：新闻文本分类

新闻文本分类是自然语言处理领域最经典的场景之一，文本分类积累了大量的技术实现方法。接下来本节基于前文提到的基础工具包及语料库，使用 Transformer 进行新闻文本分类。

1．数据集的准备

本实例采用的数据集是很流行的搜狗新闻数据集，它已使用预处理工具包进行预处理过，所以省去了很多数据预处理的麻烦。数据集内容：数据集一共包括 10 类新闻，每类新闻有 65 000 条文本数据，其中训练集包含 50 000 条，测试集包含 10 000 条，验证集包含 5000 条。

2．分词、去停用词

使用短文本分类中常用到的分词工具 jieba，对训练集、测试集、验证集进行多进程分词，以节省时间。

```
import multiprocessing
tmp_catalog='/home/zhouchengyu/haiNan/textClassifier/data/cnews/'
file_list=[tmp_catalog+'cnews.Train.txt',tmp_catalog+'cnews.Test.txt']
write_list=[tmp_catalog+'Train_token.txt',tmp_catalog+'Test_token.txt']
deftokenFile (file_path,write_path) :
word_divider=WordCut ()
withopen (write_path,'w') asw:
withopen (file_path,'r') asf:
forlineinf.readlines () :
line=line.decode ('utf-8') .strip ()
token_sen=word_divider.seg_sentence (line.split ('\t') [1])
w.write (line.split ('\t') [0].encode ('utf-8') +'\t'+token_sen.encode ('utf-8') +'\n')
printfile_path+'hasbeentokenandtoken_file_nameis'+write_path
pool=multiprocessing.Pool (processes=4)
forfile_path,write_pathinzip (file_list,write_list) :
pool.apply_async (tokenFile, (file_path,write_path,) )
pool.close ()
pool.join () #调用join()之前必须先调用close()
print"Sub-process (es) done."
```

3．文本向量化

在文本向量化中有几点需要注意：第一，词频–逆文档频率（TF-IDF）是一种信息检索与信息探勘的常用加权技术，是统计方法，用于评估字词在一个文件集或一个语料库中的重要程度。字词的重要性随着它在文件中出现的次数成正比上升，但同时会随着它在语料库中出现的频率成反比下降。第二，为了防止文本特征过大，需要去低频词。第三，因为是在 Jupyter 上编写代码，所以测试代码阶段，先选择最小的 Val 数据集，成功后，再对测试集、训练集进行迭代操作，实现代码如下。

```
def constructDataset (path) :
"""
path:filepath
rtype:lable_listand corpus_list
"""
label_list=[]
corpus_list=[]
withopen (path, 'r') asp:
for line in p.readlines () :
label_list.append (line.split ('\t') [0])
corpus_list.append (line.split ('\t') [1])
returnlabel_list, corpus_list
tmp_catalog='/home/zhouchengyu/haiNan/textClassifier/data/cnews/'
file_path='Val_token.txt'
Val_label,Val_set=constructDataset (tmp_catalog+file_path)
printlen (Val_set)
```

```
from sklearn.feature_extraction.text import TfidfTransformer
from sklearn.feature_extraction.text importCountVectorizer
tmp_catalog='/home/zhouchengyu/haiNan/textClassifier/data/cnews/'
write_list=[tmp_catalog+'Train_token.txt',tmp_catalog+'Test_token.txt']
tarin_label,Train_set=constructDataset(write_list[0])#50000
Test_label,Test_set=constructDataset(write_list[1])#10000
#计算TF-IDF
corpus_set=Train_set+Val_set+Test_set#全量计算TF-IDF
print"lengthofcorpusis:"+str(len(corpus_set))
vectorizer=CountVectorizer(min_df=1e-5)#dropdf<1e-5,去低频词
transformer=TfidfTransformer()
tfidf=transformer.fit_transform(vectorizer.fit_transform(corpus_set))
words=vectorizer.get_feature_names()
print"howmanywords:{0}".format(len(words))
print"tf-idfshape:({0},{1})".format(tfidf.shape[0],tfidf.shape[1])
"""
lengthofcorpusis:65000
howmanywords:379000
tf-idfshape:(65000,379000)
"""
```

4．构建训练和测试数据

因为文本就是以一定的随机性抽取成 3 份数据集的，所以数据不用打乱。

```
from sklearn import preprocessing
#encodelabel
corpus_label=tarin_label+Val_label+Test_label
encoder=preprocessing.LabelEncoder()
corpus_encode_label=encoder.fit_transform(corpus_label)
Train_label=corpus_encode_label[:50000]
Val_label=corpus_encode_label[50000:55000]
Test_label=corpus_encode_label[55000:]
#gettf-idfdataset
Train_set=tfidf[:50000]
Val_set=tfidf[50000:55000]
Test_set=tfidf[55000:]
```

5．训练分类器

Transformer 分类器是解决二分类（0 或 1）问题的方法，用于估计某种事物的可能性。注意，这里说的是"可能性"，而非数学上的"概率"。例如某用户购买某商品的可能性。Transformer 分类器将解码器产生的向量投影到一个更高维度的向量上，假设我们模型的词汇表包含 10 000 个词，那么更高维度的向量就有 10 000 个维度，每个维度对应一个词的得分。后面的 Softmax 层将这些分数转换为概率。选择概率最大的维度，即最终分类结果。其实现代码如下。

```
from sklearn.linear_model import LogisticRegression
```

```
from sklearn.metrics import classification_report
#from sklearn.metrics import confusion_matrix
#LogisticRegressionclassiymodel
lr_model=LogisticRegression ()
lr_model.fit (Train_set,Train_label)
print"Valmeanaccuracy:{0}".format (lr_model.score (Val_set,Val_label) )
y_pred=lr_model.predict (Test_set)
print classification_report (Test_label,y_pred)
```

分类结果如图 9-20 所示，包括精确率（precision）、召回率（recall）、f1 的值（f1-score）、支持数（support）。

mean accuracy: 0.9626

	precision	recall	f1-score	support
0	1.00	1.00	1.00	1000
1	0.99	0.98	0.98	1000
2	0.94	0.87	0.91	1000
3	0.91	0.91	0.91	1000
4	0.97	0.93	0.95	1000
5	0.97	0.98	0.98	1000
6	0.93	0.96	0.95	1000
7	0.99	0.97	0.98	1000
8	0.94	0.99	0.96	1000
9	0.95	0.99	0.97	1000

图 9-20　Transformer 分类器的分类结果

习　题

1. 什么是自然语言处理？
2. 简要介绍自然语言处理工具包。
3. 自然语言处理的应用技术有哪些？
4. Transformer 的整体架构是什么？
5. 怎样分词以及去停用词？

第**10**章 推荐系统概述

在研究如何设计推荐系统之前，首先需要了解优秀的推荐系统的特点。本章首先介绍推荐系统的概念，随后讲解协同过滤推荐算法、因子分解机（FM）算法、梯度提升决策树（GBDT）以及评价指标等。最后，利用电影推荐系统的项目实践，向读者更全面地介绍推荐系统，并对"好的推荐系统"这个问题进行回答。

10.1 推荐系统简介

10.1.1 什么是推荐系统

推荐系统是一种工具，旨在帮助用户快速发现有用的信息，并在用户需求模糊的情况下进行信息过滤。与搜索系统不同，推荐系统更加依赖用户的历史信息，以猜测用户可能喜欢的内容。通过增加企业产品与用户接触的机会，推荐系统能够最大限度地吸引、保留用户，并提高用户的转化率，从而实现企业业绩的持续增长。总的来说，推荐系统的目标是让用户更快获取到所需的内容，同时将内容有效地推送给感兴趣的用户，以及实现网站或平台充分保留用户资源。

10.1.2 个性化推荐系统的应用

和搜索引擎不同，个性化推荐系统依赖用户的行为数据，因此一般都是作为一个应用存在于不同网站之中。我们在互联网的各类网站中都可以看到推荐系统的应用，目的是提高网站的点击率和转化率，分析大量用户行为日志，为不同用户提供个性化的页面展示。广泛利用推荐系统的领域包括电子商务、个性化阅读、个性化广告等。

1. 电子商务

电子商务是个性化推荐系统的一大应用领域。亚马逊是个性化推荐系统的积极应用者和推广者，另外京东、淘宝、拼多多等平台都采用了个性化推荐列表和相关商品的推荐列表。图 10-1 所示是京东的个性化推荐列表。

图 10-1　京东的个性化推荐列表

图 10-1 中的个性化推荐列表采用了一种基于物品的推荐算法，该算法用于给用户推荐那些和他们之前购买的商品相似的商品。

2．个性化阅读

许多互联网用户每天都会阅读文章，而个性化阅读同样需要个性化推荐。这是因为互联网上的文章数量巨大，用户容易面临信息过载的问题。另外，许多用户只是为了了解某些特定领域的内容而匆忙翻阅，并没有看具体文章的必要。

目前互联网上的个性化阅读工具很多，国外有谷歌阅读器，国内有豆瓣网等。同时，随着移动设备的普及，越来越多的个性化阅读应用（如 Flipboard 等）涌现出来。豆瓣网是一款流行的社会化阅读工具，用户可以关注感兴趣的人，并浏览他们分享的文章。这些工具使用户可以更方便地获取他们所关注的内容。如图 10-2 所示，用户可以在豆瓣网界面中选择不同类别的文章。

3．个性化广告

广告对于互联网公司来说非常重要，许多公司的盈利模式都依赖于广告收入。然而，当前许多广告仍然是随机投放的，这种方式的效率显然较低。例如，将化妆品广告投放给男性或将西装广告投放给女性，显然是一种效率较低的做法。因此，许多公司在广告定向投放方面进行了研究，即将广告投放给其潜在客户群体。个性化广告投放已经成为一门独立的学科，即计算广告学。尽管计算广告学与推荐系统在许多基本理论和方法上存在共通之处，例如它们都致力于抓取用户和物品之间的联系，但它们各自侧重于实现不同的商业目标。

图 10-2　豆瓣网界面

个性化广告投放和个性化推荐有所不同。个性化推荐用于帮助用户发现可能感兴趣的产品或服务，而个性化广告投放则用于帮助广告向可能对其感兴趣的用户进行投放，即一个以用户为中心，而另一个以广告为中心。主要的个性化广告投放技术有以下 3 种。

（1）上下文广告：通过分析用户正在浏览的网页内容，投放与网页内容相关的广告。

（2）搜索广告：通过分析用户当前的搜索记录，判断用户的搜索意图，并投放与用户目的相关的广告。

（3）个性化展示广告：在许多网站上我们常见到大量展示广告（如横幅），它们是根据用户的兴趣进行个性化定向投放的。这种个性化展示广告已经成为许多互联网公司的核心技术。

10.2　协同过滤推荐算法

协同过滤推荐算法是基于用户或者物品进行的推荐算法，通过从用户或物品的文本描述中提取特征信息，再根据特征标签进行匹配，以提供推荐列表。协同过滤推荐算法主要有两种：基于用户的协同过滤推荐算法、基于物品的协同过滤推荐算法。下面分别介绍这两种推荐算法。

10.2.1　基于用户的协同过滤推荐算法

基于用户的协同过滤推荐算法是推荐算法中的常用算法之一。这种算法根据用户的历史行为信息，通过相似度构造的方式，计算用户之间的相似度进而确定相似用户，再根据相似用户的评分记录，预测目标用户的评分，提供推荐列表。获得了用户的相似度后，便可以获取该用户的相似用户的集合，通常有两种方法。一种是设定相关性阈值，选择超过该阈值的所有用户；另一种是设定用户数，选择与用户相似度最高的用户群体。其主要思路如图 10-3 所示。

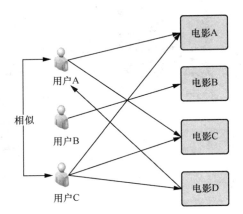

图 10-3　基于用户的协同过滤推荐算法的主要思路

在图 10-3 中，根据访问记录可知，用户 A 和用户 C 具有相似的观影记录。用户 A 观看过电影 A 和 C，而用户 C 观看过电影 A、C 和 D。这表明用户 A 和用户 C 的喜好可能较为一致。此外，用户 C 还观看过电影 D。基于此算法，可以推断用户 A 也可能对电影 D 感兴趣，因此可以向用户 A 推荐电影 D。利用这种方法，可以降低推荐的重复性，向用户提供更个性化的推荐。

10.2.2　基于物品的协同过滤推荐算法

基于物品的协同过滤推荐算法主要适用于对某一物品有相似喜好的用户，当前在对该物品的喜好程度中大部分用户的喜好程度相似，用户在选择喜好的项目时可能会产生"品牌效应"。基于物品的协同过滤推荐算法主要是先计算相似用户对某一物品的喜好的相似度，再根据用户对其他相似物品的历史评分数据找到与之相似的其他物品，通过计算加权平均数构成用户推荐列表。其主要思路如图 10-4 所示。

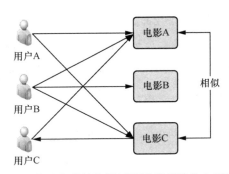

图 10-4　基于物品的协同过滤推荐算法的主要思路

在图 10-4 中，根据访问记录可知，用户 A 和用户 B 都观看了电影 A 和电影 C，而用户 C 只观看了电影 A。基于这个情况，该算法可以判断电影 A 和电影 C 可能具有相似性，因为那些观看了电影 A 的用户也都看了电影 C。因此，可以向用户 C 推荐电影 C。利用这种方法，我们可以降低推荐的重复性，向用户提供更个性化的推荐。

10.3　因子分解机算法

因子分解机（FM）算法是广告和推荐领域非常著名的算法，在线性回归模型上考虑了特征的二阶交互，适合捕捉大规模稀疏特征（类别特征）中的特征交互。本节主要介绍 FM 算法的背景、优势和衍生算法。

10.3.1　FM 算法的背景

在计算广告和推荐系统中，点击通过率（CTR）是非常重要的一个因素，判断一个物品是否进行推荐需要根据 CTR 预估的点击率排序决定。工程业界现在通用的方法主要有两大类：因子分解机制系列与树系列。实际工程通常会涉及高维稀疏矩，直接进行特征交叉会导致计算量过大，特征权值更新缓慢。FM 算法可以解决上述问题：首先进行特征组合，通过对两两特征组合，引入交叉项特征，提高模型特征能力；其次解决维度灾难，对参数矩阵进行分解，可以节省计算资源。

10.3.2　FM 算法的优势

FM 算法提升了参数学习效率，因为 FM 算法需要训练的参数较少，对稀疏数据有更好的学习能力，通过交互项学习特征之间的关联，保证了学习效率和预估能力。与其他模型相比，它的优势如下。

（1）FM 算法是一种比较灵活的模型，通过合适的特征变换方式，模拟二阶多项式核的支持向量机模型。

（2）相比支持向量机模型的二阶多项式核而言，FM 算法在样本稀疏的情况下具有优势；FM 算法的训练/预测复杂度是线性的，而二阶多项式核的支持向量机模型需要计算核矩阵，核矩阵复杂度是 N^2。

（3）矩阵分解算法用于 FM 算法，可减少参数个数，解决数据稀疏带来的学习不足问题。FM 算法不仅能够利用普通的用户反馈信息，还能融合情景信息、社交信息等诸多影响个性化推荐的信息。

10.3.3 FM 算法的衍生算法

FM 算法的衍生算法如下。

（1）特征域感知因子分解机（FFM）算法：在 FM 算法的基础上，针对不同的特征域（可以理解为特征的不同分组），使用不同的隐向量。相比 FM 算法，FFM 算法具有更好的性能，但参数数量急剧增加。

（2）双线性 FFM（BFFM）算法：为了减少 FFM 算法的参数数量，设计共享矩阵来代替不同特征域的多个隐向量。BFFM 算法的效果接近 FFM 算法，但参数数量大大减少。在添加分层的交互情况下，BFFM 算法略优于 FFM 算法。

（3）压缩注意力机制 FM 算法：该算法利用压缩注意力机制来捕获特征的重要性，并使用 BFFM 算法来捕获二阶特征交互。通过这种组合方式，压缩注意力机制 FM 算法能够提升模型的性能。

10.4 梯度提升决策树算法

梯度提升决策树（GBDT）由多棵决策树组成，GBDT 算法是公认的泛化能力较强的算法。GBDT 算法涉及 3 个概念：回归树（RT）、梯度迭代（GI）和缩减。下面从这 3 个概念来介绍 GBDT 算法。

10.4.1 回归树

对于分类树而言，对其值进行加减操作无意义（如性别）；而对于回归树而言，对其值进行加减操作才是有意义的（如年龄）。GBDT 算法的核心在于累加所有树的结果作为最终结果，所以 GBDT 算法中的树都是回归树，不是分类树，回归树在分枝时会穷举每一个特征的每个阈值以找到最好的分割点，衡量标准是最小化均方误差。

10.4.2 梯度迭代

上面说到 GBDT 算法的核心在于累加所有树的结果作为最终结果，GBDT 算法的每一棵树都是以之前的树得到的残差来更新目标值，这样每一棵树的值加起来即 GBDT 算法的预测值。GBDT 算法模型的预测值可以表示为

$$F_k(x) = \sum_{i=1}^{k} f_i(x) \tag{10-1}$$

GBDT 算法模型的训练目标是使预测值逼近真实值 y，也就是说要让每个基模型的预测

值逼近各自要预测的部分真实值。由于要同时考虑所有基模型，整体模型的训练变成了一个非常复杂的问题。所以研究者们想到了一个解决手段：每次只训练一个基模型。将整体模型改为迭代式，得到

$$F_k(x) = F_{k-1}(x) + f_k(x) \qquad (10\text{-}2)$$

这样一来，每一轮迭代只需要集中解决一个基模型的训练问题：逼近真实值。举个例子：用户 A 年龄为 20 岁，第一棵树预测其年龄为 12 岁，那么残差就是 8；第二棵树用 8 来学习，假设其预测值为 5，那么其残差即为 3，如此继续学习即可。残差其实是最小均方损失函数关于预测值的反向梯度，计算式为

$$-\frac{\partial\left(\dfrac{1}{2}(y - F_k(x))^2\right)}{\partial F_k(x)} = y - F_k(x) \qquad (10\text{-}3)$$

也就是说，预测值和实际值的残差与损失函数的负梯度相同。但要注意，基于残差的 GBDT 算法结果容易受异常值影响，举例见表 10-1。

表 10-1　预测值和实际值的残差结果

y_i	$F(x_i)$	$L=(y-F)^2/2$
0.5	0.6	0.005
1.2	1.4	0.02
2	1.5	0.125
5	1.7	5.445

很明显后续的模型会对第 4 个值关注过多，这不是一种有利的现象。

对于回归问题，我们可以使用绝对损失或 Huber 损失函数来取代平方损失函数。相比平方损失函数，这些替代的损失函数更不容易受到异常值的影响。损失函数预测值和实际值的残差结果见表 10-2。

表 10-2　损失函数预测值和实际值的残差结果

y_i	$F(x_i)$	平方损失	绝对损失	Huber 损失函数（$\delta=0.5$）
0.5	0.6	0.005	0.1	0.005
1.2	1.4	0.02	0.2	0.02
2	1.5	0.125	0.5	0.125
5	1.7	5.445	3.3	1.525

GBDT 算法的剪枝不同于 AdaBoost 算法的剪枝，GBDT 算法的每一步残差计算其实变相地增大了被分错样本的权重，而正确样本的权重趋于 0，这样后面的树就能专注于那些被分错的样本。

10.4.3 缩减

缩减的核心思想是逐步逼近结果，而不是通过一次迈出很大的步伐快速逼近结果。这种渐进的方式更容易避免过拟合，因为它不完全依赖于每棵残差树。缩减不直接使用残差来修复误差，而是逐步修复。本质上，缩减为每棵树设定了一个权重，在累加时需要乘以该权重。当权重降低时，基模型的数量会增加。

10.5 评价指标

本节构建的推荐系统多指标评价体系，包含在线评价体系和离线评价体系两部分。在线评价体系包含重合度指标、满意度指标和访问度指标；离线评价体系包含准确性指标、覆盖率指标、新颖性指标和多样性指标。该评价体系的建立有助于解决数据快速增长而导致用户获取信息困难及推荐系统缺乏完善的评价体系的问题。

10.5.1 在线评价体系

在线评价体系是通过用户的行为对推荐结果进行评价。本小节的在线评价体系主要分为3项指标：重合度、满意度和访问度。在线评价体系是为了判断推荐结果在哪些方面还存在不足，再将评价结果反馈给推荐系统。本章的实践方式是将电影评价数据集 m1-1m 作为训练集和测试集，将 m1-25m 中的数据根据时间戳排序后作为真实数据集。

1. 重合度指标

将用户的访问记录与推荐结果进行对比，判断推荐结果是否最大限度地和用户的记录重合，指数越高说明该推荐算法越符合用户的兴趣，这一过程中的"指数"就代表重合度。指数的量化方式为

$$\text{coin}(s) = \sum_{u \in \perp} \frac{\text{count}(r_u)}{\text{count}(l_u)} \tag{10-4}$$

其中，l_u 表示推荐系统推荐给用户 u 的列表，r_u 表示在用户 u 的记录中与推荐列表重合的项，$\text{count}(l_u)$ 表示用户 u 的列表的长度，$\text{count}(r_u)$ 表示用户 u 重复记录的总数。

2. 满意度指标

满意度指标是指用户需求被满足后，其对一段关系的质量的主观评价。用户根据数据集中的记录，将其评分的平均值作为自己的满意度。通过这种方式我们可以直观地看到用户对推荐结果是否满意。整体量化公式为

$$sat(u) = \frac{\sum_{i=1}^{n} rating_i}{n} \qquad (10\text{-}5)$$

其中，n 表示真实数据中用户 u 评分的个数，$rating_i$ 表示第 i 个项目，用户 u 的评分 $sat(u)$ 表示用户 u 的满意度。计算得到每个用户的满意度得分后再对整个推荐结果进行量化。量化公式为

$$sat(s) = \frac{\sum_{u \in \perp} sat(u)}{count(\perp)} \qquad (10\text{-}6)$$

其中，$\perp$ 表示用户的集合，$count(\perp)$ 表示在数据集中用户的总数，$sat(s)$ 表示该推荐结果的用户满意度。

3．访问度指标

访问度指标是根据用户观看某一部电影的记录，统计出的该电影的观影数量占记录中总电影数目的比例。我们将这一比例定义为电影的访问度。量化公式为

$$visit(z) = \frac{count(z)}{count(record)} \qquad (10\text{-}7)$$

其中，z 表示用户访问记录中的电影名，$count(z)$ 表示该电影的访问数，$record$ 表示同时在推荐列表与用户访问记录中出现的电影，$count(record)$ 表示访问记录中重合电影的数量，$visit(z)$ 表示电影 z 的访问度。得到单部电影的访问度后，求整个算法所作推荐列表的电影访问度，计算式为

$$visit(s) = \sum_{u \in \perp} \sum_{z \in l_u} visit(z) \qquad (10\text{-}8)$$

其中，s 表示推荐算法，$visit(z)$ 表示电影 z 的访问度，$visit(s)$ 表示该推荐算法 s 的总访问度，访问度越高，说明用户对该推荐算法的推荐结果的访问可能性越大。

在线评价体系的建立对推荐系统优化方向的确定以及用户体验的提升具有积极的意义。

10.5.2　离线评价体系

在推荐系统中，通常仅使用准确性指标完成离线评价。准确性指标反映了系统的先进程度，但是随着信息量呈爆炸式增长，并且信息来源错综复杂，单项指标的评价显得举步维艰。因此，下面尝试构建 4 项指标的离线评价体系。

1．准确性指标

在推荐系统的文献中，较为常见的准确性指标有 MAE（平均绝对误差）、RMSE（均方根误差）及 $F1$ 值。MAE 是推荐系统中的一项评价指标，用于衡量真实打分结果与预测打分结果的绝对误差的平均值。RMSE 主要用于衡量真实值与预测值之间的偏差，利用原始评分和预测评分进行运算，得到两方的差值，进而得到这种指标，并将它们作为准确性的评价标准。在推荐的过程中，往往个体的喜好差异会导致准确性的评分有些偏颇，因此，我们有时选择 $F1$ 值作为准确性指标，将用户的推荐问题看作电影的多分类问题。

$F1$ 值主要指准确性和召回率的调和平均数。准确性与召回率的计算式分别为

$$\text{Precision} = \frac{\text{TP}}{\text{TP+FP}} \tag{10-9}$$

$$\text{Recall} = \frac{\text{TP}}{\text{TP+FN}} \tag{10-10}$$

其中，TP 表示原本为真且预测结果为真的样本数，FP 表示原本为假但预测结果为真的样本数，FN 表示原本为真但预测结果为假的样本数，$F1$ 值的计算式为

$$F1 = \frac{2 \cdot \text{Precision} \cdot \text{Recall}}{\text{Precision} + \text{Recall}} \tag{10-11}$$

$F1$ 值表示推荐系统的整体性能，值越大说明性能越好，该算法在测试集上的表现更为突出。我们可以利用该指标对推荐系统的准确性进行合理的评估。

2．覆盖率指标

覆盖率是评价推荐系统涵盖范围的一项指标，即利用某种推荐方法推荐的产品占总产品的比例。覆盖率指标的计算式为

$$\text{coverage} = \frac{\sum_{i=1}^{\text{count}(\perp)} N_i}{\text{count}(X)} \tag{10-12}$$

其中，$\text{count}(X)$ 表示数据集中电影的总数；$\text{count}(\perp)$ 表示数据集中用户的总数；N_i 表示推荐系统中，第 i 个用户推荐的列表与之前的推荐结果没有重复的次数。本小节的覆盖率主要是指推荐的不重复的电影数目占总体电影的比例。如果这项指标较高，则说明在电影数据库中的大部分内容都是可以被推荐到的。

3．新颖性指标

新颖性指标可以被看作推荐系统向用户介绍他们以前没有接触过的项目的能力。实验证明，新颖性在用户满意度的提升方面具有重要的作用。在运用新颖性指标的过程中，人们进行了冷门和热门产品划分，将冷、热门产品的推荐比例作为数据量化的方法，重视冷门产品的推荐，而非在历史数据的支持下进行推荐。新颖性指标的计算式为

$$\text{novelty} = \frac{1}{\text{count}(\perp)} \sum_{u \in \perp} \frac{\log_2 F_{l_u}}{\text{count}(l_u)} \tag{10-13}$$

其中，$\text{count}(\perp)$ 表示数据集中用户的总数，l_u 表示推荐系统推荐给用户 u 的列表，$\text{count}(l_u)$ 表示用户 u 的列表的长度，F_{l_u} 表示 l_u 列表中热门推荐的电影占总电影列表的比例。这项指数越高，表明在推荐过程中的热门项越多，建议该推荐系统使用更多的冷门项，从而提高用户的满意度。

4．多样性指标

多样性指标对确保复杂系统长期生存具有重要作用，通常存在于生物领域、政治领域、科学

领域等。常用的多样性指标包括 Richness 指数（通常用于测量物种丰富度）、Berger-Parker 指数（通常用于测量种族优势度）以及 Shannon 指数（通常用于衡量种群的多样性）。多样性指标同样应用于经济方面，而推荐平台的广泛使用让研究者对如何量化用户行为的多样性产生思考。如何衡量推荐算法的多样性，现在还没有一个完全统一的标准。

10.6　项目实践：电影推荐系统

10.6.1　电影推荐系统的需求分析

推荐系统在休闲娱乐和企业决策方面扮演着重要角色。电影推荐系统作为推荐算法研究的经典对象，一直受到广泛关注。如何构建满足更多用户推荐偏好的模型，如何挖掘更多长尾商品，以及如何评估推荐算法的质量，都是当前学术研究需要解决的问题。本节内容旨在设计和实现一个基于大数据平台的电影推荐系统，通过分析用户的电影偏好，向其推荐那些尚未观看但预计会令其满意的电影。此外，我们还提供多指标评价表供设计者参考。设计者通过对比评价表中的各项系数，可以发现未来的优化方向；设计者可以根据评价表中的部分信息选择自己感兴趣的推荐算法。

10.6.2　系统架构的设计

电影推荐系统的总体架构如图 10-5 所示，其包括数据源层、存储层、计算层、业务层、接口层及显示层。本实践所有数据均来自电影评价数据集。显示层的 WebUI 是由 ASP.NET 开发的一个简单的 B/S（浏览器–服务器）应用，通过 Thrift 和 HBase 交互，用于选择观察一名用户的推荐结果。

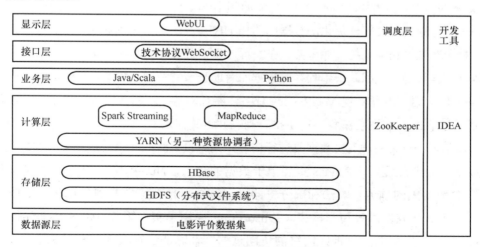

图 10-5　电影推荐系统的总体架构

10.6.3　推荐系统的实现

1．开发环境

本实践中大数据平台的软硬件名称及配置信息见表 10-3。

表 10-3　软硬件名称及配置信息

软硬件名称	配置信息
CPU	Intel Core i7
内存	8GB
硬盘	80GB
操作系统	CentOS 7
Hadoop	Hadoop 2.7.7
HBase	HBase 1.4.10
Java	Java JDK 1.8.0_211
Python	Python 2.7.0
ZooKeeper	ZooKeeper 3.5.5
Spark	Spark 2.4.5

2．开发技术介绍

电影推荐系统主要采用 B/S 架构和 ASP.NET 技术对其进行设计实现。为保证系统运行流畅，我们采用模块化的思想来降低开发成本，将整个系统分为 6 层（见图 10-5）。

在系统的开发过程中，WebUI 负责界面设计与制作，后期完成网页制作后，使用 Dreamweaver 进行页面的部分优化，数据库选择 HBase。HBase 是 Hadoop 大数据平台的数据库，是一种分布式、基于列的开源框架，在编程过程中负责存储用户与电影的交互矩阵，这种交互矩阵往往是稀疏的，因此采用列存储数据库有助于节省空间。在推荐系统的多指标计算任务中，选择 Java 语言编程实现 MapReduce 任务，将计算的指标写入文本文件中。在推荐算法的实现中，选择 Python 语言编程，产生推荐列表并将其存入 HBase 中。在推荐列表产生过程中选择 Spark Streaming，对真实数据集进行切分，同时设置时间间隔，达到实时的效果。

在数据的处理过程中，Pandas 主要用于数据的筛选，NumPy 用于矩阵的构造与保存。sklearn 包含数据集的预训练算法和部分机器学习算法。预训练中的划分算法将处理后的数据按照比例随机分成训练集和测试集。TensorFlow 库用于实现矩阵分解和文本卷积网络的编程，Torch 库主要协助基于神经网络的协同过滤推荐算法进行嵌入层和感知机的构造。

3. 功能展示

电影推荐系统主要有 3 个功能：数据查询、电影推荐、推荐系统评分。主界面设计采用迪士尼（中国）官方网站的构图方式。最新电影的主界面如图 10-6 所示。

图 10-6　最新电影的主界面

数据查询界面：主要由搜索框和最新电影信息构成。在搜索框输入用户编号后，单击"搜索"按钮，系统会向用户推荐其感兴趣的电影。数据查询界面如图 10-7 所示。

图 10-7　数据查询界面

电影推荐界面：输入用户编号后，系统跳转到搜索结果界面。默认的推荐列表是融合多特征的列表，仅显示每位用户前 20 条的推荐，用户可以通过单选框选择自己感兴趣的推荐算法，从而产生不同的推荐结果。从 HBase 数据库中读取到电影 ID 后，将其与图片文件夹中的对应图片进行匹配。电影推荐界面如图 10-8 所示。

图 10-8　电影推荐界面

单击对应的图片会跳转到相应的内容简介界面，如图 10-9 所示。

图 10-9　内容简介界面

推荐系统评分界面：菜单中的"推荐系统评分"主要由两个单选框和推荐评分表格构成。用户选择不同的单选框时，系统会跳转到不同的推荐系统评分界面，分别如图 10-10 和图 10-11 所示。默认的表格为 Top-20 推荐系统评分表。

		Precision	Recall	F1	平均得分	覆盖率	新颖性	重合度	满意度	访问度	多样性
首页	电影分类	排行榜			电影前瞻		猜你喜欢		推荐系统评分		
○ Top-10 ◉ Top-20											
基于用户的协同过滤算法		0.258	0.154	0.102	3.063	0.300	-0.006	478.0	3.850	283.568	0.011
基于物品的协同过滤算法		0.246	0.143	0.185	4.050	0.222	-0.002	650.8	3.946	494.216	0.017
基于矩阵分解的协同过滤算法		0.015	0.009	0.011	4.298	0.211	-0.097	145.2	4.121	180.192	0.010
基于CNN的协同过滤算法		0.010	0.007	0.008	3.833	0.155	-0.140	43.4	3.625	155.441	0.011
基于NeuralCF的推荐算法		0.008	0.158	0.015	4.142	0.261	-0.003	632.7	3.985	458.299	0.005
预训练的NeuralCF的推荐算法		0.014	0.290	0.028	4.135	0.319	-0.003	554.3	3.891	341.989	0.008
融合多特征的NeuralCF的推荐算法		0.014	0.270	0.026	4.139	0.563	-0.011	494.4	4.108	287.749	0.008

图 10-10　Top-20 推荐系统评分界面

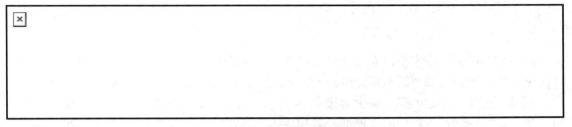

图 10-11　Top-10 推荐系统评分界面

　　用户在访问时可以根据推荐系统评分表的结果进行推荐算法的筛选。根据 Top-10 和 Top-20 推荐系统评分表，用户想获得更满意的推荐结果，可以考虑选择满意度与平均得分较高的选项；如果用户想观看小众的电影，可以考虑新颖性较低的基于 CNN 的协同过滤推荐算法结果；如果用户想看更多数量的电影，可以考虑覆盖率更高的融合多特征的基于神经网络的协同过滤推荐算法结果。

习　　题

1. 什么是推荐系统？
2. 推荐系统的主要应用有哪些？
3. 协同过滤推荐算法的两种常见算法是什么？
4. GBDT 主要涉及哪 3 个概念？
5. 推荐系统的评价指标有哪些？
6. 常见的推荐系统的离线评价指标有哪些？

参考文献

[1] 安俊秀，叶剑，陈宏松. 人工智能原理技术及应用[M]. 北京：机械工业出版社，2022.

[2] 周志明. 智慧的疆界：从图灵机到人工智能[M]. 北京：机械工业出版社，2018.

[3] 阿斯顿·张，李沐，等. 动手学深度学习[M]. 北京：人民邮电出版社，2019.

[4] 周开利，康耀红. 神经网络模型及其 Matlab 仿真[M]. 北京：清华大学出版社，2005.

[5] 安俊秀，靳宇倡. 云计算与大数据技术应用[M]. 北京：机械工业出版社，2019.

[6] 李航. 统计学习方法[M]. 北京：清华大学出版社，2020.

[7] 茆诗松. 贝叶斯统计[M]. 北京：中国统计出版社，2012.

[8] 周志华. 机器学习[M]. 北京：清华大学出版社，2016.

[9] 李诚霖. 数据挖掘中的数据分类算法综述[J]. 数据，2021（4）：48-50.

[10] 邓乃扬. 支持向量机：理论、算法与拓展[M]. 北京：科学出版社，2009.

[11] 安俊秀，靳宇倡. 大数据导论[M]. 北京：人民邮电出版社，2020.

[12] 金建国. 聚类方法综述[J]. 计算机科学，2014，41（S2）：288-293.

[13] 王卫东，徐金慧，张志峰，等. 基于密度峰值聚类的高斯混合模型算法[J]. 计算机科学，2021，48（10）：191-196.

[14] 吴军. 数学之美[M]. 北京：人民邮电出版社，2014.

[15] 张伟楠，沈键，俞勇. 动手学强化学习[M]. 北京：人民邮电出版社，2022.

[16] 王晓龙，关毅. 计算机自然语言处理[M]. 北京：清华大学出版社，2005.

[17] 黄立威，江碧涛，吕守业，等. 基于深度学习的推荐系统研究综述[J]. 计算机学报，2018，41（7）：1619-1647.

[18] 吕刚，张伟. 基于深度学习的推荐系统应用综述[J]. 软件工程，2020，23（2）：5-8.

[19] 安俊秀，唐聃，靳宇倡. Python 大数据处理与分析[M]. 北京：人民邮电出版社，2021.

[20] 肖云鹏，卢星宇，许明，等. 机器学习经典算法实践[M]. 北京：清华大学出版社，2018.

[21] 邱锡鹏. 神经网络与深度学习[M]. 北京：机械工业出版社，2020.

[22] 孙琛恺，安俊秀. 用于评价推荐系统的多样性指数的研究[J]. 成都信息工程大学学报，2021，36（3）：253-258.